Markus Eschbacher

Die Bibliothek der Technik
Band 271

Lineare Weg- und Abstandssensoren

Berührungslose Messsysteme für den industriellen Einsatz

Thomas Burkhardt, Albert Feinäugle,
Sorin Fericean, Alexander Forkl

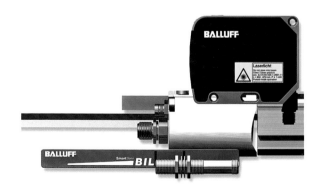

verlag moderne industrie

Dieses Buch wurde mit fachlicher Unterstützung
der Balluff GmbH erarbeitet.

Die Autoren danken allen Kollegen aus den Fachabteilungen der
Balluff GmbH, die sie tatkräftig bei der Ausarbeitung und Korrektur
des Manuskripts unterstützt haben, sowie den Herren Winfried
Kunzweiler und Eduard Weident, Abteilung Design und Kommunikation, für die Gestaltung der Abbildungen.

sv corporate media, D-80992 München
http://www.sv-corporate-media.de
Abbildungen: Nr. 12 Paul Müller Industrie, Nürnberg;
Nr. 43 Vestas Deutschland, Husum; alle übrigen Balluff
Satz: abc.Mediaservice GmbH, Buchloe
Druck: Himmer, Augsburg
Bindung: Thomas, Augsburg
Printed in Germany 889007
ISBN 3-937889-07-8

Inhalt

Einleitung

Die Leistungsfähigkeit moderner Maschinen und Anlagen in der Fabrik- und Prozessautomation hat in den letzten Jahren und Jahrzehnten in bemerkenswerter Art und Weise zugenommen. Die Maschinen sind nicht nur schneller, kleiner und zuverlässiger geworden, sie wurden zugleich auch sicherer und flexibler. Nicht zuletzt wurden auch Fortschritte in allen Belangen der Umweltschonung erzielt. Moderne Maschinen sind sauberer, leiser und energiesparender geworden.

Sensoren – »Sinnesorgane« moderner Maschinen

Analysiert man diese positiven Veränderungen, stellt man fest, dass sie in erheblichem Umfang durch Fortschritte in der Automatisierungstechnik erreicht wurden. Die Verfügbarkeit leistungsfähiger Automatisierungskomponenten erlaubt den Ersatz aufwändiger Mechanik durch elektronische Kontrolle der Bewegungsabläufe. Eine wichtige Rolle in der Automatisierung spielen die Sensoren. Sie versorgen die Steuerung mit Rückmeldungen über Bewegungsabläufe und Ereignisse im Arbeitstakt der Maschine. Man kann sie deshalb treffend als die Sinnesorgane moderner Maschinen bezeichnen.

Binäre und analoge Sensoren

Den zahlenmäßig größten Anteil haben zweifellos binäre Sensoren, die meist als Endschalter eingesetzt werden. Reicht ihre Funktionalität nicht aus, kommen Weg- und Abstandssensoren mit analogen, digitalen oder busfähigen Ausgängen zur Anwendung. Schaltpunkte, die zuvor aufwändig mechanisch eingestellt und verstellt wurden, können nun per Software definiert und bei Bedarf schnell und flexibel verändert werden. Die Kontrolle über Bewegungen ist enorm gesteigert, programmierbare Geschwindigkeitsprofile garantieren trotz hoher Verfahrgeschwindigkeiten ein sanftes An-

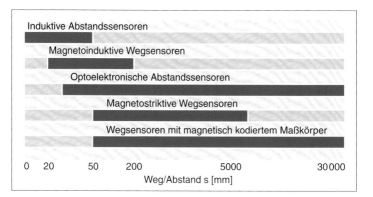

Induktive Abstandssensoren

Magnetoinduktive Wegsensoren

Optoelektronische Abstandssensoren

Magnetostriktive Wegsensoren

Wegsensoren mit magnetisch kodiertem Maßkörper

| 0 | 20 | 50 | 200 | 5000 | 30 000 |

Weg/Abstand s [mm]

laufen und Abstoppen. Aus diesen Gründen sind diese innovativen Sensoren zu einer wichtigen und unverzichtbaren Automatisierungskomponente des Maschinen- und Anlagenbaus geworden mit nahezu unerschöpflichen Anwendungsmöglichkeiten.

Dieses Buch befasst sich mit fünf verschiedenen Technologien der berührungslosen linearen Weg- und Abstandserfassung. Wegsensoren unterscheiden sich von Abstandssensoren dadurch, dass sie stets ein positionsgebendes Element besitzen, z.B. einen Magneten, der mit dem bewegten Teil verbunden ist und dessen lineare Verschiebung erfasst wird.

Wichtigstes Kriterium für die Auswahl eines Weg- oder Abstandssensors ist der notwendige Erfassungsbereich (Abb. 1). Die technische Umsetzung der Messprinzipien ist zwar weitgehend herstellerunabhängig, hinsichtlich anwendungsbezogener Details unterscheiden sich Sensorprodukte aber u.U. erheblich. Aus Platzgründen kann in diesem Buch auf solche Unterschiede nicht näher eingegangen werden. Für jeden Sensortyp wird eine Auswahl repräsentativer Anwendungen vorgestellt.

Abb. 1:
Typische Erfassungsbereiche der in diesem Buch beschriebenen Weg- und Abstandssensoren für Anwendungen im Maschinenbau

Weg- und Abstandssensoren

Induktive Abstandssensoren

Funktionsweise von INS

Induktive Abstandssensoren sind berührungslos arbeitende analoge Sensoren und gehören zu der Klasse induktive Näherungssensoren (INS) der umfangreichen Familie induktiver Sensoren [1, 2]. Die Funktionsweise induktiver Näherungssensoren basiert auf der Wechselwirkung einer ein elektromagnetisches Feld erzeugenden Spule mit einem metallenen Objekt (Target), das im Erfassungsbereich des Sensors platziert ist. Auswerteverfahren für diese Wechselwirkung sind seit mehr als 30 Jahren für industrielle Anwendungen im Einsatz, überwiegend für binär schaltende Sensoren, d. h. für induktive Näherungssensoren mit einem schaltenden Ausgang für die Einzelpositionserfassung. Diese bewährten Sensoren – bekannt unter dem Namen induktive Näherungsschalter – zeichnen sich durch hervorragende Eigenschaften für den industriellen Einsatz aus. Dies ist der Grund für die extrem hohe Verbreitung in allen Bereichen: von Werkzeugmaschinen bis hin zur Lebensmittelindustrie. Die spezifischen Haupteigenschaften sind die berührungslose Erfassung des Abstands zu einem nicht kooperativen Target (beliebiges Metallobjekt), Zuverlässigkeit, Robustheit, Verschmutzungsunempfindlichkeit und kompakte Bauform. Dadurch unterscheiden sich induktive Näherungssensoren deutlich von anderen Klassen induktiver Sensoren.

Komplexe Schaltungen

Fortschritte in den letzten 10 Jahren bei der Integration, Miniaturisierung sowie der Aufbautechnik elektronischer Schaltungen haben die Weiterentwicklung hin zu deutlich komplexeren Schaltungen für analoge induktive Näherungssensoren erlaubt. So ist es möglich, einteilige analoge Ausführungen mit gleichen konstruktiven Voraussetzungen und ebenso guten Eigenschaften wie bei binären Ausführungen zu realisieren.

Messprinzip

Grundsätzlich sind induktive Näherungssensoren Wirbelstromsensoren (engl.: *eddy-current sensors*) [3]. Die Sensorspule wird von der Sensorelektronik mit hochfrequentem Strom erregt und erzeugt ein magnetisches Feld, dessen Verteilung und Stärke von der Spulenausführung (Geometrie, Windungszahl etc.) und

Abb. 2:
Magnetisches Feld der rotationssymmetrischen Spule – rechte Hälfte – eines induktiven Abstandssensors (zweidimensionale spektrale Darstellung des Simulationsergebnisses)

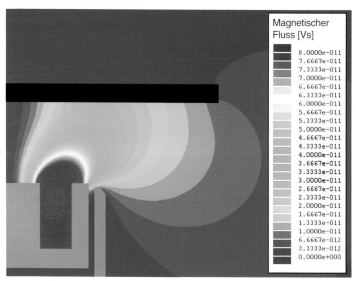

den Stromparametern (Stärke, Frequenz) abhängt (Abb. 2). Dieses Feld induziert in dem zu detektierenden Objekt Wirbelströme. Die elektrischen Verluste im Objekt hängen von der Stärke des magnetischen Felds, von den Materialeigenschaften des Objekts (elektrische

Erster Effekt: elektrische Verluste

Abb. 3:
Erregung des Sensor-
elements durch den
Oszillator (Das Sen-
sorelement ist durch
die Reihenschaltung
von L und R_S darge-
stellt.)

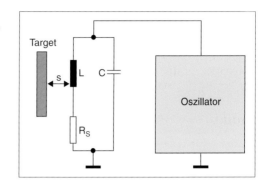

bzw. magnetische Leitfähigkeit) und, vor allem, vom Abstand des Objekts zur Sensorspule ab. Sie führen zu einer Veränderung der elektrischen Parameter der Spule. Eine bevorzugte elektrische Ersatzschaltung der Spule ist die *Jordan-Reihenschaltung* der Spuleninduktivität L und des Verlust- oder auch Serienwiderstands R_S (Abb. 3). Die Komponenten dieser Ersatzschaltung können sehr leicht durch Messungen oder durch die Auswertung der Simulationsergebnisse bestimmt werden.

Zweiter Effekt: Änderung der Induktivität
Das Funktionsprinzip induktiver Näherungssensoren ist damit in der Regel noch nicht vollständig beschrieben, denn in der Mehrzahl besitzen sie eine Spule mit Kern. Die Geometrie des Kerns wird grundsätzlich so gewählt, dass der induktive Abstandssensor eine bevorzugte »Blickrichtung« aufweist. Im Fall eines ferromagnetischen Objekts bildet der Kern mit dem zu detektierenden Objekt einen geschlossenen magnetischen Kreis, dessen magnetischer Widerstand vom Abstand abhängt. Die Variation dieses Widerstands wirkt sich in einer Veränderung der Spuleninduktivität aus.

Auswertung ...
Die Erfassung des zu messenden Abstands, d. h. die Umwandlung der Sensormessgröße in ein elektrisches Signal, erfolgt durch die kontinuierliche Messung der Spulengüte Q_L:

$$Q_L = \frac{\omega \cdot L}{R_S} \qquad (1)$$

**... über die
Spulengüte**

In der Gleichung sind ω die Kreisfrequenz des Spulenerregerstroms, L die Induktivität und R_S der Verlustwiderstand.

Funktionsweise und Sensoraufbau

Einteilige induktive Abstandssensoren bestehen aus dem primären Sensorelement mit der Sensorspule und einer im Sensor integrierten Auswerteelektronik. Ihren Hauptfunktionen entsprechend ist die Elektronik in zwei funktionelle Bereiche aufgeteilt: Im Front-End erfolgt die Spulenerregung und die Messung der Spulengüte, im Back-End die Signalverarbeitung und die Generierung genormter Sensorausgangssignale.

**Integrierte
Sensorelektronik**

Sensorelement

Abbildung 4 illustriert die Struktur des Sensorelements für eine zylindrische Sensorausführung im Metallrohr. Der wesentliche Bestandteil ist die Spule in Form einer Wicklung (1) auf einem Wickelkörper (2). Die in einem

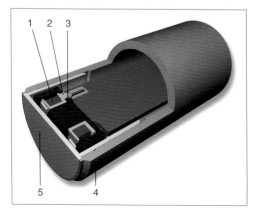

*Abb. 4:
Perspektivische Darstellung des Sensorelements eines genormten induktiven Abstandssensors
(Balluff)*

Schalenkern (3) eingebaute Spule wird durch das Metallrohr (4) und, in der Sensorblickrichtung, durch eine Kunststoffkappe (5) geschützt; die Komponenten (4) und (5) spielen keine bedeutende Rolle für die Abstandsmessung, beeinflussen jedoch die Sensorleistung.

Elektrotechnisch betrachtet ist dieses Sensorelement eine erregte Spule mit Verlusten, die durch das zu erfassende Objekt, aber auch durch die Bestandteile Wicklung, Kern und Metallrohr (Eigenverluste) entstehen. Eine typische Abhängigkeit der Parameter L und R_S dieser Spule vom Abstand s zu einem genormten ferromagnetischen Messobjekt ist in Abbildung 5 oben dargestellt. Der Verlustwiderstand stellt alle Verluste inklusive der oben genannten Eigenverluste dar, die durch optimales Design minimiert werden müssen. Ist der Abstand größer als der halbe Spulenkerndurchmesser ($s > D/2$), haben die Wirbelströme eine geringfügige Wirkung; im Bereich mittlerer und kleinerer Abstände ($s \leq D/2$) wird dieser Einfluss deutlich stärker. Der oben beschriebene Effekt des geschlossenen Magnetkreises tritt für Abstände $s < D/2$ auf und verursacht eine Erhöhung der Induktivität.

Charakteristischer Abstand D/2

Der in Abbildung 5 unten dargestellte resultierende Verlauf der auszuwertenden Güte des Sensorelements (vgl. Gleichung 1) zeigt die Grenzen dieser Messmethode und definiert zugleich die Hauptaufgaben des Front-Ends der Sensorelektronik. Durch systematische Optimierungen und adäquates Design des Sensorelements kann man Abstände in einem Bereich berührungslos erfassen, der nach oben in der Praxis durch den Spulenkerndurchmesser begrenzt ist. Für den Fall $s \approx D$ beträgt der Hub der Güte bezogen auf den Wert im nicht betätigten Zustand ($s = \infty$) nur 1 bis 2 %. Die genaue Auswertung dieser minimalen Variation in industriellen Umgebungen und bei großen

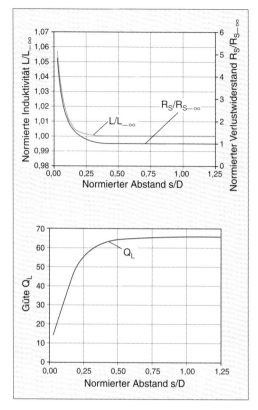

Abb. 5:
Oben: Normierte
Induktivität und nor-
mierter Verlustwider-
stand für genormtes
Messobjekt in Abhän-
gigkeit vom normier-
ten Abstand;
$L_{-\infty}$, $R_{S-\infty}$ Indukti-
vität, Verlustwider-
stand im nicht
betätigten Zustand
$(s = \infty)$
s Abstand
D Spulenkerndurch-
messer
Unten: Güte des
Sensorelements in
Abhängigkeit vom
normierten Abstand

Temperaturschwankungen stellt eine große Herausforderung für die Sensorelektronik dar [4]. Trotz aller Optimierungen weist die Güte des Sensorelements stets eine nichtlineare Abstandsabhängigkeit auf, die bei analogen induktiven Näherungssensoren durch die Sensorelektronik linearisiert werden muss.

Sensorelektronik
Für eine zuverlässige Messung der Güte und die Auswertung ihrer Abstandsabhängigkeit wird das primäre Sensorelement in einen

Parallelresonanzkreis eingegliedert, dessen Schwingkondensator ein hochwertiger Bestandteil mit minimalen Verlusten ist. Dieser Schwingkreis wird bei seiner Resonanzfrequenz (Sensorarbeitsfrequenz) mit einem speziellen Oszillator mit negativem Eingangswiderstand [5] erregt (siehe Abb. 3). Charakteristisch für diesen Oszillator, der für eine monolithische Integration und für die Erfüllung der o. g. Anforderungen inklusive der Linearisierung weiterentwickelt wurde [6], ist die Realisierung der Mitkopplung auf elektronischem Wege, sodass man auf die Spulenanzapfung verzichten kann [3, 7]. Dies führt zu einer vorteilhaften zweiadrigen Verbindung zwischen Oszillator und Schwingkreis (siehe Abb. 3).

Abbildung 6 zeigt das Blockschaltbild eines induktiven Abstandssensors. Das Front-End der Sensorelektronik ist mit zwei anwendungsspezifischen integrierten Kreisen (ASIC: Abk. von engl. *application-specific integrated circuit*) realisiert.

Master-ASIC Das Master-ASIC führt die Hauptfunktionen des induktiven Abstandssensors aus. Der Kern dieses Teils besteht aus dem Oszillator, gefolgt von einem Präzisionsgleichrichter. Diese Stufe erregt das Sensorelement und wandelt das von der Güte des Sensorelements abhängige sinusförmige Oszillatorausgangssignal in eine Gleichspannung um. Dieses unkonditionierte Signal beinhaltet damit die Abstandsinformation und ist am Master-ASIC-Ausgang verfügbar. Die Konditionierung des Signals, d. h. seine Umwandlung in das genormte Sensorausgangssignal, findet in der integrierten oder diskreten Sensorausgangsstufe des Back-Ends statt.

Linearisierung Das Master-ASIC beinhaltet auch den integrierten Kreis für die Linearisierung der Abstands-Ausgangs-Charakteristik des Sensors. Dieser Kreis kompensiert die annähernd invers exponentielle Abhängigkeit der Güte vom Abstand (siehe Abb. 5 unten) unter Benutzung ei-

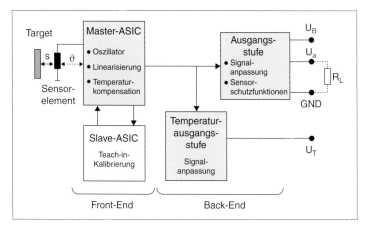

nes abgestimmten spezifischen Gradienten des Erregungsstroms für das Sensorelement [6]. Der Erregungsstrom ist deshalb nicht konstant, sondern hängt – aufgrund der Einbeziehung des Linearisierungskreises – vom Abstand zum Objekt ab. Das Ergebnis ist eine lineare Abhängigkeit des Oszillatorausgangssignals vom Abstand in einem breiten Abstandsbereich. Wegen der linearen Übertragungsfunktion der Ausgangsstufe ergibt sich die gleiche lineare Abhängigkeit am Sensorausgang. Derartige induktive Abstandssensoren weisen über einen Abstandsbereich von null bis über den halben Spulenkerndurchmesser einen sehr geringen Linearitätsfehler auf. Um das Temperaturverhalten des Sensors zu optimieren, verfügt das Master-ASIC über eine integrierte Temperaturkompensationsschaltung. Diese Schaltung gleicht die elektrischen Temperaturabhängigkeiten der Sensorkomponenten aus und gewährleistet minimale Temperaturdrift des Sensorausgangssignals über ausgedehnte Arbeitstemperaturbereiche, wie sie für industrielle Anwendungen vorgegeben sind. Die größte Temperaturabhängigkeit zeigt das Sensorelement, dessen Güte in komplexer und schwer

Abb. 6:
Allgemeines Blockschaltbild induktiver Abstandssensoren (Balluff)

Temperaturkompensation ...

… in zwei Stufen

modellierbarer Funktion mit der Temperatur variiert. Die Temperaturkompensation erfolgt in zwei Stufen [4]. Weil das Temperaturverhalten des Sensorelements stark von der Arbeitsfrequenz abhängt, wird eine erste Teilkompensation durch die optimale Festlegung der Kapazität des Schwingkondensators (siehe Abb. 3) erreicht. In der zweiten Stufe findet eine aktive Kompensation statt, die von der im Master-ASIC integrierten Temperaturkompensationsschaltung ausgeführt wird. Hierzu wird der Temperaturgang des Sensorelements in der Entwicklungsphase für jeden Sensortyp festgestellt und in der Temperaturkompensationsschaltung annähernd nachgebildet. Im Betriebszustand wird die Temperaturänderung des Sensorelements mittels eines im Master-ASIC integrierten Temperaturfühlers gemessen. Der Erregerstrom des Sensorelements wird modifiziert, um die Temperaturabhängigkeit der Güte auszugleichen.

Diese integrierte Kompensationsschaltung bietet gegenüber traditionellen Vorgehensweisen große Vorteile. Da der Oszillator, die Linearisierung und die Temperaturkompensation mit dem integrierten Temperaturfühler auf einem einzigen Siliziumchip integriert sind und letzterer direkt neben dem Sensorelement angeordnet ist, erweist sich die Temperaturkompensation als sehr effizient und präzise und zeigt nur geringe Exemplarstreuung.

Temperatur-ausgang

Der integrierte Temperaturfühler erfüllt noch eine weitere Aufgabe. Bei Varianten des induktiven Abstandssensors mit zusätzlichem Temperaturausgang wird das ursprüngliche Ausgangssignal des Temperaturfühlers in einer zweiten Sensorausgangsstufe umgewandelt und verstärkt, sodass am zweiten Sensorausgang ein Temperatursignal entsteht. Dieses Spannungssignal weist hervorragende Linearität und Genauigkeit auf und kann für Überwachungsaufgaben benutzt werden.

Sensorkalibrierung

Eine genaue Einstellung und damit geringe Exemplarstreuung der Abstands-Ausgangs-Charakteristik lässt sich durch die Kalibrierung der Sensoren im fertig montierten Zustand durch ein Teach-in-Verfahren erreichen [8]. Zu diesem Zweck beinhalten die Sensoren im Front-End ein Slave-ASIC (siehe Abb. 6), das mit dem **Slave-ASIC** Master-ASIC verbunden ist und die Abstands-Ausgangs-Charakteristik festlegt. Die individuelle Sensorkalibrierung geschieht mit einer Normmessplatte, die auf die obere Grenze des geforderten Abstandsbereichs mechanisch justiert ist. Die Kommunikation zwischen Sensor und Kalibriervorrichtung während der Sensorkalibrierung findet über die Versorgungsleitungen des Sensors statt; der Sensor hat keine zusätzlichen Anschlüsse. Wird die Kalibrierung ausgelöst, so wird das Oszillatorausgangssignal durch ein im Slave-ASIC integriertes, programmierbares Widerstandsnetzwerk, dessen Wert nach dem Start des Kalibrierungsvorgangs kontinuierlich variiert, so lange verändert, bis das Sensorausgangssignal die geforderte obere Grenze erreicht. Der ermittelte Widerstandswert wird im nichtflüchtigen Speicher (EEPROM: Abk. von engl. *electrically-erasable programmable read-only memory*) des Slave-ASIC abgespeichert. Das im Slave-ASIC integrierte Kommunikationsinterface wird nach abgeschlossener Kalibrierung deaktiviert, Veränderungen durch parasitäre Umwelteinflüsse sind danach nicht mehr möglich. Durch dieses Teach-in-Verfahren werden alle streuenden Größen, die das Oszillatorausgangssignal beeinflussen – auch Eigenschaften der Vergussmasse oder die Einbaulage des Sensorelements im Sensorgehäuse –, exemplarspezifisch berücksichtigt und kompensiert. Während der Endkontrolle **Endkontrolle** unmittelbar nach der Kalibrierung wird die Einhaltung der geforderten Abstands-Aus-

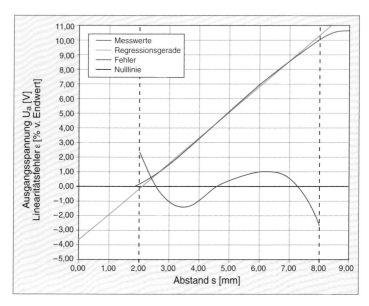

Abb. 7:
Abstands-Ausgangs-
Charakteristik (blau)
und Verlauf des Line-
aritätsfehlers (rot)
nach der Kalibrierung

Schnittstellen

gangs-Charakteristik für jeden Sensor überprüft. Abbildung 7 zeigt eine gemessene Abstands-Ausgangs-Charakteristik (blau) und den Verlauf des Linearitätsfehlers (rot) im Bereich zwischen dem unteren und dem oberen Abstand. Diese beiden Sensorkennwerte (hier 2 und 8 mm) sind zusätzlich hervorgehoben.

Die hier beschriebenen induktiven Abstandssensoren haben eine der folgenden Schnittstellen (vgl. *Schnittstellen linearer Weg- und Abstandssensoren*, S. 77 ff.): entweder einen Spannungsausgang 0...10 V oder einen Stromausgang 0...20 mA bzw. 4...20 mA. Die Sensorausgangsstufe gewährleistet Sensorschutzfunktionen wie z. B. den Kurzschluss- und Verpolschutz. Sie verfügt auch über einen internen Spannungsregler, der die Sensorversorgungsspannung stabilisiert und das Front-End mit konstanter Spannung versorgt. Dadurch können die Sensoren in einem Versorgungsbereich von 15 bis 30 V für Ausführungen mit Spannungsausgang oder von 10 bis 30 V für Ausführungen mit Stromausgang gespeist werden. Der Lastwiderstand R_L in Abbildung 6 symbolisiert die Applikation, z.B. den analogen Eingang der Steuerkarte.

Miniaturisierung durch konsequente Integration
Neben den genormten Bauformen (Abb. 8) im Metallgewinderohr M8 bis M30 (bündig oder nicht bündig einbaubare Versionen mit Spannungs- bzw. Stromausgangssignal) existieren auch sehr kompakte zylindrische oder quaderförmige Ausführungen des induktiven Ab-

Gehäuse-ausführungen

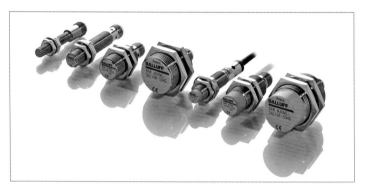

standssensors. Charakteristisch für alle Ausführungen ist der starke Miniaturisierungsgrad, der sich bei den genormten Bauformen in kurzen Sensorlängen widerspiegelt bis hin zu der in der Norm spezifizierten minimalen Länge. Die Implementierung der hohen Funktionalität in miniaturisierte Bauformen wurde erst durch konsequente Integration der elektronischen Kernkomponenten möglich, begleitet von den modernsten Montageverfahren (Abb. 9). Im Sensorinneren arbeiten die hochintegrierten ASICs; der geringe Aufwand an peripheren

Abb. 8:
Induktive Abstandssensoren für die verschiedensten Einsatzfälle

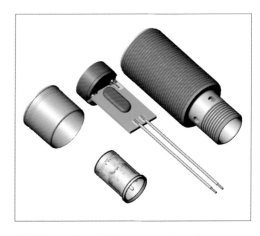

*Abb. 9:
Perspektivische 3D-Darstellung des mechanischen Aufbaus induktiver Abstandssensoren (Balluff): Die Montage der Chips direkt auf der Platine spart Platz und Kosten.*

ASICs

SMT-Bauteilen (Abk. von engl. *surface-mounted technology* [9]) dient fast ausschließlich der Festlegung von ASIC-Funktionsparametern bzw. der Signalkonditionierung.

Das Master-ASIC für das Front-End der Sensorelektronik wurde unter Verwendung einer hochfrequenten bipolaren Technologie integriert. Die Feinstruktur gestattet die Integration von mehr als 700 Transistoren auf einer Siliziumfläche von weniger als 4,5 mm². Für das Slave-ASIC wurde eine kompatible Niederspannungs- und Niedrigstrom-CMOS-Technologie (Abk. von engl. *complementary metal oxide semiconductor*) verwendet. Dieses ASIC enthält neben dem programmierbaren Widerstandsnetzwerk den EEPROM und die spezifische Zentraleinheit für die Ausführung der Teach-in-Kalibrierung auf einer Siliziumfläche kleiner als 4 mm².

Für die Trägerplatine der Sensorelektronik wird ausschließlich glasfaserverstärktes Substrat (FR4) verwendet. Im Gegensatz zu anderen Substraten (Keramik, Polyimidfolie etc.) erfüllen die gedruckten Schaltungen auf FR4 zugleich zwei wichtige Anforderungen: Robustheit für harte industrielle Anwendungen und hohe Integrationsdichte des Sensors.

Für das Aufsetzen und Verbinden der ASIC-Bausteine in Chip-Form (ohne Gehäuse) werden zwei moderne Chip-on-Board-Technologien verwendet (Abb. 10). Beim Wire-Bonding wird der Chip mit seiner aktiven Fläche nach oben direkt auf die Trägerplatine aufgesetzt und verklebt. Die Kontaktierung entsteht durch Drahtverbindungen zwischen den Anschlusspads des ASIC und den Kontaktflächen auf der Platine. Die Struktur wird danach abgedeckt (Abb. 10 links). Dieses Verfahren ist Stand der Technik für die genormten Sensorbauformen und wird seit 10 Jahren verstärkt eingesetzt. Die adäquate Lösung für die stark miniaturisierten induktiven Abstandssensoren ist die Flip-Chip-on-Board-Technologie (kurz FCOB) [10]. Bei dieser sehr modernen Methode wird der Chip mit der aktiven Fläche nach unten direkt durch Lötpunkte (Bumps) mit der Trägerplatine verbunden; es ist keine schützende Abdeckung notwendig (Abb. 10

Verbindungs-technik

Abb. 10:
Teilmontierte Sensoren, bestehend aus einer Topfkernspule und der Sensorelektronik (Balluff);
Links: ASICs durch Wire-Bonding unter dem Globtop verdrahtet
Rechts: ASICs durch Flip-Chip-Technologie kontaktiert (ohne Schutzabdeckung)

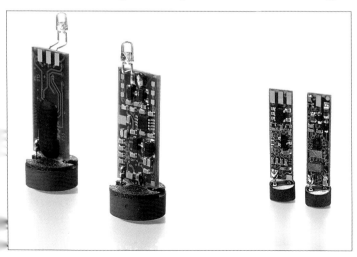

rechts). Die verwendeten Chips werden nach dem Integrationsprozess mit Bumps mit einem typischen Durchmesser von nur 100 μm versehen. In Kombination mit passiven Elementen der Baugröße 0402 (kleinste quaderförmige SMT-Bauform 1,0 mm lang, 0,5 mm breit) ist die FCOB-Technologie die neueste Methode zur Herstellung hochwertiger miniaturisierter Sensoren für industrielle Anwendungen. Die kurzen Verbindungen durch direkte Lötstellen und die Orientierung des Chips mit seiner Substratseite nach oben verbessern zugleich die elektromagnetische Verträglichkeit (kurz: EMV) des Sensors.

Anwendungen

Axiale und radiale Annäherung

Analoge induktive Abstandssensoren sind prädestiniert für die frontale Erfassung eines Objekts entlang der Spulensymmetrieachse. Sie werden kalibriert und vermessen für eine solche axiale Annäherung einer genormten Messplatte senkrecht zur aktiven Fläche. Dennoch ist auch eine radiale Bewegung des Objekts (an der aktiven Sensorfläche vorbei) möglich. Bei der seitlichen Annäherung hängt das Sensorausgangssignal auch vom Abstand des Objekts zur aktiven Sensorfläche bzw. von den Objektabmessungen ab, sodass die Sensorcharakteristik durch eine Kurvenschar mit diesen Parametern darstellbar ist.

Die Erfahrung zeigt, dass das Spektrum der möglichen Anwendungen laufend erweitert wird. Beispiele (Abb. 11) für die vielfältigen industriellen Einsatzmöglichkeiten sind:

Anwendungsspektrum

- die Dickenmessung von Papierblättern (a)
- die Detektion inhomogener Zonen ebener Metallflächen (Spalt, Nut etc.) (b)
- die Lageerkennung kleiner Teile bei der Werkstückprüfung (c)

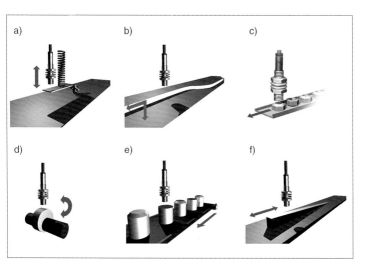

- die Rundlaufprüfung
- Zählaufgaben
- Überwachungsaufgaben.

Darüber hinaus gibt es diverse repräsentative Anwendungen. Beim Abtasten rotierender Objekte (Abb. 11d) führen Exzenter, Nocken oder Unwuchten zu einer auswertbaren periodischen Änderung des Sensorausgangssignals. Ist das Objekt rotationssymmetrisch, so kann man es mit zwei um 90° versetzten Abstandssensoren zentrieren.

Die Sensorempfindlichkeit (vgl. *Definitionen und Normbegriffe*, S. 85 ff.) hängt u. a. von physikalischen Eigenschaften des zu erfassenden Objekts ab; dies ermöglicht ein Erkennen unterschiedlicher Werkstoffe (Abb. 11e). Bei konstant gehaltenem Abstand wird das Sensorausgangssignal grundsätzlich vom Werkstoff des Objekts bestimmt. Objekte aus demselben Material, aber mit verschiedenen Höhen dämpfen unterschiedlich stark und sorgen für eine Differenz im Sensorausgangssignal.

Abb. 11:
Anwendungsbeispiele
für induktive
Abstandssensoren

Seitliches Anfahren einer schiefen Ebene

Das seitliche Anfahren einer schiefen Ebene (Abb. 11f) ist ein klassisches Anwendungsbeispiel für die Erfassung größerer Wege mit induktiven Abstandssensoren. Bei einer senkrechten Anordnung des Sensors zur Basis der schiefen Ebene hängt der Anfahrweg w folgendermaßen vom Abstand s und Neigungswinkel β der schiefen Ebene ab:

$$\Delta w = \frac{\Delta s}{\tan \beta} \qquad (2)$$

Abb. 12:
Einsatz eines miniaturisierten induktiven Abstandssensors für die Spannwegüberwachung in einer Fräsmaschine; symbolische Darstellung: Anhand des Abstands zwischen dem Sensor und der schiefen Ebene des Spindelkeils weiß man, ob das Werkzeug gespannt ist.

Diese Übersetzungsfunktion ermöglicht deutliche Vergrößerungen des Erfassungsbereichs, z. B. um den Faktor 10 bei β = 6,34°. Darauf basiert die traditionelle Anwendung induktiver Abstandssensoren für die Spannwegüberwachung an Werkzeugspindeln (Abb. 12) bzw. Werkstückspannzylindern. Bei Werkzeugspindeln muss überwacht werden, ob das Spannmittel mit bzw. ohne Werkzeug geschlossen oder offen ist, bei Werkstückspannzylindern, ob das Werkstück korrekt gespannt ist. Die dre-

hende Schließbewegung des Spannmittels wird in eine lineare Bewegung entlang der Drehachse umgesetzt. Die Funktion der schiefen Ebene wird von einem Konus übernommen, der sich auf der Drehachse befindet und sich während der kontinuierlichen Rotation auf den Sensor zu bewegt. Da die Endstellungen unterschiedlicher Werkzeuge bzw. Werkstücke variieren können, bietet sich der analoge Sensor zur Überwachung an. Mithilfe seiner linearen Abstands-Ausgangs-Charakteristik können in der Steuerung verschiedene Schaltpunkte gesetzt werden. So entfällt das mechanische Neujustieren der Spannwegüberwachung. Dies ist besonders von Vorteil, wenn das Spannmittel an schwer zugänglichen Stellen sitzt.

Variable Schaltpunkte

Messen und Schalten

In vielen Applikationen möchte man zusätzlich an bestimmten Punkten der Abstands-Ausgangs-Charakteristik ein Schaltsignal erzeugen. Durch diese Schaltsignale wird erkannt, wann eine bestimmte Stellung des zu erfassenden Objekts, im Allgemeinen ein Maschinenteil, erreicht ist. Eine Sonderkategorie von induktiven Abstandssensoren verfügt daher über zusätzliche Schaltausgänge, die sich über ein Teach-in-Verfahren programmieren lassen. Parallel zur Basisschaltung (siehe Abb. 6) beinhaltet die Sensorelektronik auch eine im Sensor integrierte mikrocontrollergesteuerte Schaltung zur Umwandlung des analogen Ausgangssignals in drei genormte binäre Sensorschaltsignale.

Intelligente Ausführungen

Die Schaltschwellen der Analog-digital-Wandlung sind frei programmierbar. Die Programmierung erfolgt im Teach-in-Verfahren. Hierbei wird das Objekt schrittweise in die drei gewünschten Schaltabstände innerhalb des Sensorabstandsbereichs gebracht (Abb. 13 oben); die Reihenfolge der Schaltabstände ist belie-

Programmierung der Schaltschwellen

big. Durch das Betätigen des Sensorsteuereingangs mittels der Steuerung oder eines Programmiergeräts werden den eingestellten Abständen die entsprechenden Schaltschwellen zugeordnet und diese Werte in einem

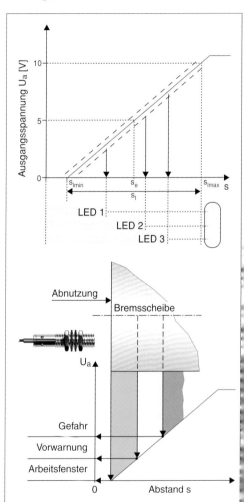

Abb. 13:
Oben: Bei induktiven Abstandssensoren mit zusätzlichen Schaltausgängen können die Schaltabstände im Linearitätsbereich im Teach-in-Verfahren frei programmiert werden.
Unten: Exemplarischer Einsatz: Überwachung der Abnutzung einer Bremsscheibe

EEPROM abgelegt. Der Vorgang wird durch Leuchtdioden (LED: Abk. von engl. *light-emitting diode*) unterstützt. Für jeden Schaltausgang steht eine LED als Anzeige des Programmiermodus bzw. als Schaltanzeige im Betriebsmodus zur Verfügung.

Ein Beispiel für die Anwendung dieser komplexen Sensoren ist in Abbildung 13 unten dargestellt. Die Stärke einer Bremsscheibe wird kontinuierlich überwacht und der Grad der Abnutzung durch logische Verknüpfung der drei Sensorausgänge in drei Bereiche (Arbeitsfenster, Vorwarnung, Gefahr) unterteilt.

Fazit

Die kompakten, einteiligen induktiven Abstandssensoren zeichnen sich durch sehr gute Eigenschaften und ein ebenso gutes Kosten-Nutzen-Verhältnis aus. Ihre Parameter hängen grundsätzlich von der Bauform ab. Zusammenfassend können folgende Hauptkenndaten genannt werden: Linearitätsbereiche bis 50 mm mit einem Linearitätsfehler unter ±3 % von der oberen Grenze (Trendgerade: Regressionsgerade), Wiederholgenauigkeit zwischen ±5 µm und ±15 µm (uni- oder bidirektionale Annäherungen), typische Auflösungsgrenze ±0,1 % von der oberen Grenze. Mit −3-dB-Grenzfrequenzen bis hin zu 1 kHz, Schutzart IP67 und Schutzklasse II sind sie für industrielle Anwendungen bestens geeignet.

Wichtige Kenndaten

Magnetoinduktive Wegsensoren

Bei linearen Messwegen im Bereich von etwa 20 bis 200 mm gab es bis vor kurzem kaum eine berührungslos arbeitende Alternative zum prinzipbedingt verschleißbehafteten Potentiometer. Anwender mussten daher fast immer Kompromisse eingehen, z. B. hinsichtlich der Baugröße und/oder des Verhältnisses Arbeitsbereich zu Sensorlänge, der erwarteten Lebensdauer oder der Investitionskosten. Magnetoinduktive Wegsensoren schließen diese Lücke.

Messprinzip

Sensorelement

Magnetoinduktive Wegsensoren (*smartsens*®) arbeiten berührungslos und erfassen die Lage eines kooperativen permanentmagnetischen Targets bezogen auf die aktive Sensorfläche. Das Target wirkt lokal auf eine als Kern fungierende weichmagnetische Folie einer mit hochfrequentem Strom erregten Planarspule und verursacht eine lageabhängige Änderung der Spuleninduktivität, die von der Sensorelektronik ausgewertet wird. Durch dieses Prinzip und den Aufbau des Sensorelements unterscheiden sie sich vorteilhaft von anderen bekannten Sensoren dieser Art, z. B. dem PLCD-Sensor (engl.: *permanentmagnet linear contactless displacement sensor*).

Befindet sich das Target über dem Sensorelement, so verursacht sein Magnetfeld unabhängig von der Magnetisierungsrichtung eine lokale Sättigung der Folie. Abbildung 14 zeigt die gesättigte Zone für ein zylindrisches Target mit axialer Magnetisierung. Innerhalb der gesättigten Zone nimmt die magnetische Leitfä-

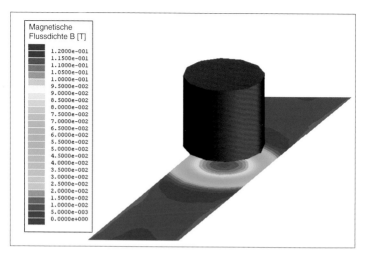

Magnetische
Flussdichte B [T]

higkeit der Folie ab bis hin zum völligen Verlust dieser Eigenschaft. Diese punktuelle Veränderung wirkt wie eine Verkleinerung der Folienfläche und senkt die Induktivität der Spule. Die Änderung der Induktivität ist direkt proportional zur Schnittfläche der gesättigten Zone und der darunter liegenden Spulenoberfläche. Bei der Bewegung des Targets bleiben die Abmessungen der gesättigten Zone annähernd konstant. Verändert sich die Geometrie der Spule über den Messweg, so ergibt sich eine ortsabhängige Veränderung der Induktivität und somit eine eindeutige Zuordnung zwischen der Induktivität und dem Weg des Targets [11].

Abb. 14:
Simulationsergebnis:
dreidimensionale
spektrale Darstellung des Betrags der
magnetischen Flussdichte an der Oberfläche der Sensorelementfolie; der
Positionsgeber ist –
in diesem Fall – ein
axial magnetisierter
Zylindermagnet mit
10 mm Durchmesser
und 3 mm von der
Folie entfernt.

Funktionsweise und Sensoraufbau

Magnetoinduktive Wegsensoren sind einteilige Systeme, die außer dem oben beschriebenen Sensorelement eine im Sensor integrierte Auswerteelektronik enthalten (Abb. 15). Die Hauptfunktionen dieser Elektronik sind die

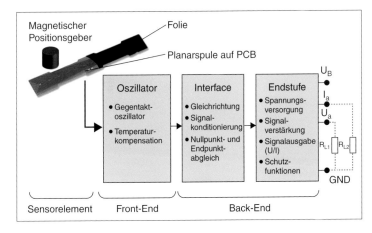

Abb. 15:
Sensorelement und
Blockschaltbild der
Sensorelektronik
magnetoinduktiver
Wegsensoren (Balluff)

Erregung der Planarspule des Sensorelements und die gleichzeitige Messung ihrer Induktivität im Front-End sowie die Signalkonditionierung und Generierung der genormten Sensorausgangssignale im Back-End.

Sensorelement

Gedruckte Planarspule

Bei der Planarspule handelt es sich nicht um eine Drahtspule, sondern um eine gedruckte Spule auf einer dielektrischen Trägerplatine (Abb. 16). Ihre Induktivität ist durch die Spulengeometrie genau bestimmt und bleibt unter Umwelteinflüssen wie z. B. einer Temperaturänderung konstant. Die Bauweise der Planarspule (PCB: Abk. von engl. *printed circuit board*) erhöht vor allem in industriellen Anwendungen mit starken Vibrationen und Schocks in signifikanter Weise die Sensorzuverlässigkeit. Darüber hinaus reduziert sie die Produktionskosten erheblich. Die bewährten, fotolithographischen Verfahren für die Herstellung von gedruckten Schaltungen sind heutzutage Stand der Technik und ermöglichen sehr feine, stark miniaturisierte und geometrisch sehr flexible Strukturen der Spule.

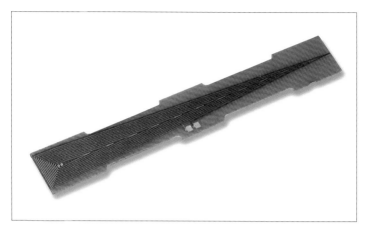

Anstatt einer brüchigen, teuren und wenig flexiblen Kernstruktur aus ferritischen Materialien, die bei Drahtspulen in der Regel auch als mechanischer Träger dient, wird als »Spulenkern« eine dünne, flexible weichmagnetische Folie mit sehr hoher magnetischer Leitfähigkeit ($\mu_r \gg 1$) verwendet, die beidseitig oder einseitig auf der Planarspule aufgeklebt ist. Durch das Aufbringen der Folie erhöht sich die Induktivität des Sensorelements. Dies gilt selbstverständlich nur für den unbetätigten Wegsensor, d. h. ohne ein permanentmagnetisches Target innerhalb des Sensorarbeitsbereichs. Im betätigten Zustand wird die Induktivität durch die oben beschriebene Sättigung wegabhängig reduziert.

Der größte Vorteil der planaren Schichtstruktur des Sensorelements besteht darin, dass die Lageabhängigkeit des Sensorausgangssignals innerhalb des Arbeitsbereichs völlig frei eingeprägt werden kann: entweder durch eine ortsabhängige Spulengeometrie bei konstanter Foliengeometrie oder umgekehrt oder kombiniert. Die Sensorparameter, insbesondere der Linearitätsfehler, lassen sich durch adäquates

Abb. 16:
Die Planarspule eines magnetoinduktiven Wegsensors (Balluff); durch dreieckförmige Windungen, die eine Spirale bilden, wird die Ortsabhängigkeit des Sensorausgangssignals realisiert.

Schichtstruktur des Sensorelements

Design dieser Elemente stark optimieren. Eine bevorzugte Lösung enthält eine Planarspule mit mehreren ineinander laufenden und auf der gleichen Ebene liegenden Dreieckwindungen; die weichmagnetische Folie ist rechteckig.

Sensorelektronik
Der harmonische Oszillator im Front-End versorgt das Sensorelement mit hochfrequentem Strom ($f \leq 1$ MHz); sein Ausgangssignal ist eine Wechselspannung gleicher Frequenz, deren Amplitude eine eindeutige Zuordnung zur Position des Targets im Sensorarbeitsbereich

Auswertung

ermöglicht. Durch den Einsatz eines Differenzverfahrens mit Gegentaktoszillator [12] verdoppelt sich der Messeffekt und damit die EMV-Festigkeit des Sensors. Zugleich werden Gleichtaktstörungen unterdrückt wie z. B. die Änderung der Umgebungstemperatur oder die Anwesenheit eines Buntmetalls in dem Luftspalt zwischen dem Target und der aktiven Sensorfläche.

Die Auswertemethode der Induktivitätsmessung, kombiniert mit dem Differenzverfahren, ermöglicht eine Detektion der Targetlage nicht nur durch isolierende Medien wie Luft, Kunststoff, Glas und Flüssigkeiten hindurch, sondern auch durch Trennwände aus dia- oder paramagnetischen Metallen. Die hochfrequenten Verluste in diesen Medien werden kompensiert, sodass die Charakteristik und die dynamischen Eigenschaften des Sensors praktisch unbeeinflusst bleiben. Um den Temperatureinfluss weiter zu verringern, enthält der Oszillator auch eine Proportional-integral-Regelung der Amplitude mit Temperaturkompensation.

Linearität

Der sehr geringe Linearitätsfehler der Sensorkennlinie (Abb. 17) wird durch adäquates Design des Sensorelements erreicht, sodass keine Linearisierung in der Sensorelektronik mehr

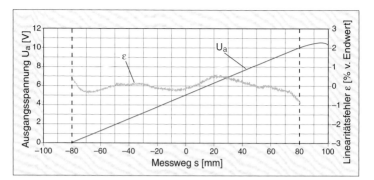

notwendig ist. Dies reduziert den elektronischen Aufwand im Sensor. Die Amplitude des Signals am Oszillatorausgang verhält sich direkt proportional zum Messweg und weist eine hervorragende Unterdrückung der oben beschriebenen Gleichtaktstörungen auf.

Dieses Signal wird im Interface des Back-Ends mit einem Präzisionsgleichrichter in eine Gleichspannung umgewandelt. Darüber hinaus findet eine Signalkonditionierung statt, die grundsätzlich aus einer Verstärkung und einer Offset-Kompensation besteht. Wegen der hochfrequenten Erregung des Sensorelements ergeben sich Oszillatorausgangssignale mit recht hohen Frequenzen. Um diese präzise umzuwandeln, sind kleine Zeitkonstanten der Gleichrichterschaltung vollkommen ausreichend. Dadurch entstehen keine signifikanten Zeitverzögerungen im Back-End. Die Durchlaufzeiten in diesem Teil haben somit keinen Einfluss auf die Sensordynamik.

Die Hauptaufgabe der Signalkonditionierung ist die Erzeugung genormter Sensorausgangssignale für den spezifizierten Arbeitsbereich, d. h. U_a = 0...10 V bzw. I_a = 4...20 mA. Die Exemplarstreuung der produzierten Sensorelemente und die mechanischen Montagetoleranzen werden durch Nullpunkt- bzw. Endpunkt-

Abb. 17:
Ausgangscharakteristik und Verlauf des Linearitätsfehlers eines magnetoinduktiven Wegsensors (Balluff); der Nullpunkt im Diagramm entspricht der Mitte des Erfassungsbereichs (160 mm Länge) und wird durch eine Indexnut im Sensorgehäuse markiert.

Genormte Sensorausgangssignale

abgleiche kompensiert. Die Sensoren beinhalten zu diesem Zweck, abhängig von der Version, entweder zwei Miniaturpotentiometer (für eine manuelle Justierung in der Fertigung) oder zwei mikrocontrollergesteuerte elektronische Potentiometer (für einen elektronischen Teach-in-Abgleich).

Spannungsversorgung

Die integrierte Endstufe fungiert als Schnittstelle zwischen der Sensorelektronik und der externen Anwendung – z.B. den analogen Eingängen einer Steuerkarte, symbolisiert durch die Lastwiderstände R_{L1} und R_{L2} in Abbildung 15. Zu diesem Zweck enthält sie einen Spannungsregler, der die Sensorversorgungsspannung stabilisiert und das Front-End mit konstanter Spannung versorgt. Dadurch können die Sensoren in einem Bereich von 15 bis 30 V bei der Benutzung des Spannungsausgangs bzw. von 10 bis 30 V bei der Benutzung des Stromausgangs gespeist werden. Die Endstufe liefert zugleich ein Spannungs- und ein Stromausgangssignal, die sich problemlos weiterverarbeiten lassen. Durch die Endstufe werden auch die Sensorschutzfunktionen wie der Kurzschluss- und der Verpolschutz gewährleistet.

Mechanische Ausführung

Großer nutzbarer Arbeitsbereich

Abbildung 18 zeigt eine der Bauformen des magnetoinduktiven Wegsensors sowie seinen inneren Aufbau. Man erkennt das horizontale Sensorelement und die vertikale, direkt kontaktierte Leiterplatte mit der Sensorelektronik. Diese Ausführung mit 60 mm Arbeitsbereich ist 95 mm lang, 15 mm hoch und 15 mm breit. Eine längere Ausführung des Sensors mit 230 mm Länge bei identischer Höhe und Breite besitzt einen Arbeitsbereich von 160 mm und damit ein noch besseres Verhältnis Arbeitsbereich zu Sensorlänge. Dank der schmalen Gestaltung des Sensors und der

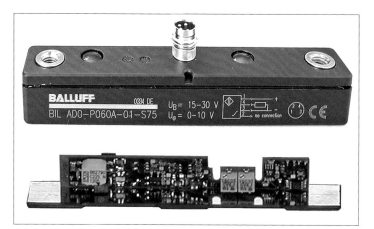

Vielzahl von integrierten Gewindebuchsen und verfügbaren Befestigungselementen (Abb. 19) lassen sich die Sensoren in vielen Anordnungen montieren. Der Sensor ist komplett vergossen, sodass die Anforderungen der Schutzart IP67 problemlos erfüllt werden können.

Abb. 18:
Flaches Sensorelement (waagrechte Platine) und senkrechte Elektronikplatine eines magnetoinduktiven Wegsensors

Anwendungen

Die robusten magnetoinduktiven Sensoren liefern absolute, kontinuierliche und wegproportionale Ausgangssignale und lassen sich dank ihrer geringen Abmessungen gut in die Applikation integrieren. Das Spektrum der typi-

Abb. 19:
Magnetoinduktive Wegsensoren, Standardpositionsgeber integriert in Kunststoffträger und verschiedene Befestigungselemente

schen Anwendungen reicht vom Handling-
und Robotikbereich über die Förder- und Ge-
bäudetechnik bis hin zu Dosier- und Durch-
flussmessaufgaben [13].

Hohe Integrationsfähigkeit

Eine fundierte Analyse der Anwendungs-
voraussetzungen zeigt das hohe Integrations-
potenzial dieses Sensors. Betrachtet man den
Sensor als System, das aus den drei Komponenten Target, Sensor (Hardware) und Auswerteverfahren (Software) besteht, so erkennt
man mehrere anwendungsorientierte Integra-
tionsebenen – beginnend mit Standardkompo-
nenten und endend mit applikationsspezifi-
schen Gestaltungen dieser drei Komponenten.

Die Standardausführungen (siehe Abb. 19)
eignen sich besonders für Anwendungen auf
einer ersten Integrationsebene. Als zugehö-
riges Standardtarget dient ein axial magnetisierter Permanentmagnet (Hartferrit) mit zy-
lindrischer Form (Durchmesser und Höhe je
10 mm), der in das zu detektierende Objekt
integriert oder in eine Kunststoffhalterung ein-

Standardtargetausrichtung

gebaut werden kann. Abbildung 20 zeigt die
Standardausrichtung des Targets zur aktiven
Sensorfläche. Die Symmetrieachse des Targets
steht senkrecht auf dieser Fläche und der Mag-
net wird in X-Richtung entlang der aktiven
Sensorfläche bewegt (planparallele und koli-
neare Betätigung). Der spezifizierte Abstand
zwischen der Targetoberfläche und der aktiven
Sensorfläche beträgt 2 mm (typische magnetische Flussdichte: 30 bis 50 mT). Alle Sensorparameter sind entsprechend diesen Bedingungen spezifiziert.

Eine vorteilhafte Eigenschaft des magnetoinduktiven Wegsensors ist seine große Toleranz
gegenüber Schwankungen in der Y- und Z-
Richtung. Prinzipbedingt verursachen Schwankungen des oben genannten Abstands bzw. Abweichungen von der Kolinearität nur geringe
Änderungen der elektrischen Sensorparameter.

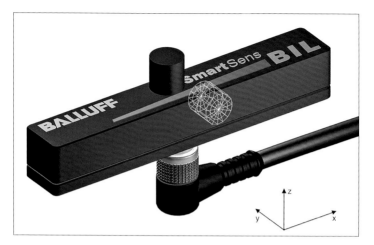

Weil die Wegerfassung auf der Sättigung der Sensorelementfolie basiert, sind die Magnetisierungsart des Targets und seine Ausrichtung von untergeordneter Bedeutung. Sehr positive Ergebnisse wurden auch in Anwendungen mit Targetbewegungen kolinear zur Sensorkante und planparallel zu einer beliebigen Längsseite des Sensors erreicht (Betätigung entlang der Längsseite in X-Richtung, Abb. 20).

Abb. 20:
Mögliche Target-
ausrichtungen:
Betätigung entlang
der aktiven Sensor-
fläche (Standard)
und Betätigung ent-
lang der Längsseite
des Sensors (Target
gestrichelt darge-
stellt)

Die Erfahrung zeigt, dass die Kolinearität zur Sensorkante nicht unbedingt erforderlich ist. Gute Ergebnisse wurden mit der Anordnung aus Abbildung 20 erreicht, wenn das Target zusätzlich eine Pendelbewegung entlang eines Kreissegments ausführte. Das Target wurde mittels eines Armes mit einer drehbaren Welle mechanisch verbunden. Ein Drehwinkelbereich zwischen −30° und +30° konnte durch optimales Design der mechanischen Übersetzung sehr linear und mit hoher Wiederholgenauigkeit in ein elektrisches Ausgangssignal umgewandelt werden.

Alternative Targetausrichtung

Die Fähigkeit zur Detektion des permanentmagnetischen Targets durch isolierende Me-

Messen durch Wände hindurch

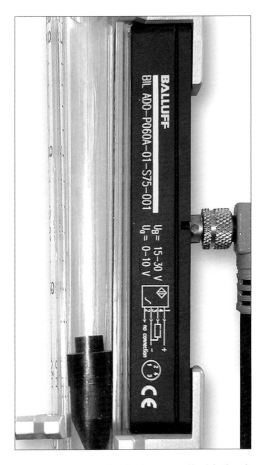

dien, aber auch durch Buntmetalle hindurch
hat zum weitverbreiteten Einsatz dieser Sensoren in einer zweiten Integrationsebene beige-
tragen. Abbildung 21 zeigt eine Anwendung
aus dem Bereich der Durchflussmessung. Die
Flüssigkeit strömt von unten nach oben durch
das konische Glasrohr und hebt den Schwim-
mer an, in den ein Permanentmagnet als Positionsgeber eingebaut ist. Das Ausgangssignal

des magnetoinduktiven Wegsensors ist ein Maß für den Durchfluss.

Da magnetoinduktive Sensoren durch nichtferromagnetische Materialien hindurch detektieren können, eignen sie sich hervorragend für den Einsatz an Pneumatikzylindern (Abb. 22).

Einsatz an Pneumatikzylindern

Abb. 22:
Erfassung der Kolbenposition eines Pneumatikzylinders mit einem magnetoinduktiven Wegsensor

Ein im Kolben integrierter Ringmagnet fungiert als Target für den angebauten Standardsensor. Für stark abweichende Feldstärken dieses Ringmagnets vom Standardtarget kann eine Nachjustierung des Sensors vorgenommen werden. Mit den oben erwähnten Sensoreinstellelementen kann die gewünschte Empfindlichkeit der Sensorkennlinie manuell oder im Teach-in-Verfahren eingestellt werden. Sensorvarianten mit zusätzlicher Magneterkennung können das Verlassen des Arbeitsbereichs durch den Kolben auf zwei Arten eindeutig signalisieren: Die Ausgangssignale steigen sprungartig auf Werte, die über der oberen Grenze liegen (typisch 11 V bzw. 22 mA), und eine LED-Anzeige leuchtet.

Die Einsatzflexibilität der magnetoinduktiven Wegsensoren ist nahezu unbegrenzt. Eine anpassungsfähige Sensorausführung ist die teleskopische Ausführung für pneumatische Zylin-

Teleskopische Ausführung

der. Ziel dieses Ansatzes ist es, eine Längenvarianz von Zylindern durch eine einzige Sensorbauform abzudecken. Diese Ausführung hat einen mehrteiligen Aufbau mit folgenden Merkmalen: Das Sensorelement besteht aus zwei getrennten miniaturisierten Spulen. Die Länge dieser Spulen ist kleiner als der Kolbenhub, aber größer als der halbe Hub. Die Spulen sind beidseitig direkt in den Zylindernuten eingebaut, und zwar jeweils bündig zu den Zylinderenden, und überlappen in der Mitte des Zylinders. Durch Verschiebung der Spulen und somit Veränderung des Überlappungsgrads kann man das Sensorelement an verschiedene Zylinderlängen sehr einfach anpassen. Die Auswerteelektronik ist abgesetzt.

Die teleskopische Anordnung weist eine vorteilhafte Eindeutigkeit (Monotonie) der Sensorkennlinie auf. Diese eignet sich für die Erfassung aller Kolbenpositionen, um Soft-Stop-Funktionen oder die Erkennung anderer signifikanter Punkte des Kolbenhubs zu ermöglichen. Zu diesem Zweck wird dieses Signal wie bei den induktiven Abstandssensoren mit zusätzlichen programmierbaren Schaltausgängen verarbeitet (vgl. *Messen und Schalten,* S. 23 ff.)

Fazit

Wichtige Kennwerte

Mit einem Linearitätsfehler unter ±1,5 % und einer Wiederholgenauigkeit besser als ±0,1 % sind magnetoinduktive Wegsensoren für viele Positionieraufgaben die Lösung mit dem besten Kosten-Nutzen-Verhältnis. Dabei arbeiten die Sensoren bei Geschwindigkeiten bis etwa 5 m/s ohne nennenswerten Schleppfehler, d. h., sie eignen sich auch für Anwendungen mit hohen Anforderungen an die Dynamik.

Optoelektronische Abstandssensoren

Optoelektronische Abstandssensoren haben die Aufgabe, ein dem Objektabstand proportionales Ausgangssignal zu liefern, das möglichst wenig von der Farbe, dem Reflexionsgrad und der übrigen Beschaffenheit der Objektoberfläche (Target) abhängt. Für die Reali-

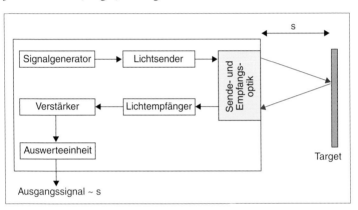

Abb. 23: Signalpfad eines optoelektronischen Abstandssensors

sierung optischer Abstandssensoren existiert eine Vielzahl unterschiedlicher Techniken. Am meisten verbreitet sind die Triangulationsmessung und die Lichtlaufzeitmessung. Die wesentlichen Funktionseinheiten eines optoelektronischen Abstandssensors sind in Abbildung 23 dargestellt.

Grundlagen

Als Lichtsender und Lichtempfänger (Detektor) werden standardmäßig Halbleiterbauelemente eingesetzt. Diese wandeln die elektrische Energie in Licht um (Sender) und Licht in elektrische Energie (Empfänger).

Lichtsender

Leuchtdioden

Leuchtdioden (LED: Abk. von engl. *light-emitting diode*) werden in großer Zahl als Lichtquellen für binäre optische Standardsensoren eingesetzt. Die Dioden werden in Durchlassrichtung betrieben und emittieren Licht in einem gewissen Spektralbereich: entweder rotes (sichtbares) oder infrarotes (unsichtbares) Licht. Im Allgemeinen sind die Dioden in einem Kunststoffgehäuse gekapselt. Die Gehäuseoberfläche wirkt als Linse, die das Licht in einen Abstrahlkegel bündelt und somit eine Richtwirkung besitzt.

Laserdioden

Abstandssensoren verfügen auf Grund der höheren Anforderungen in zunehmendem Maß über eine Halbleiter-Laserdiode als Lichtquelle. Mit dem gebündelten Lichtstrahl der Laserdiode lassen sich Objekte hochpräzise detektieren. Rotes Laserlicht hat bei der Ausrichtung der Sensoren enorme Vorteile, weil dieses Licht für das menschliche Auge über große Distanzen gut erkennbar ist.

Kommerziell erhältliche Laserdioden besitzen einen Aufbau entsprechend Abbildung 24. Kernstück ist ein Kristall (Laserchip) mit unterschiedlich dotierten Schichten. Der Laserkristall ist auf einem Metallblock angebracht, der die entstehende Wärme abführt. Bei Anlegen einer Vorwärtsspannung fließt senkrecht zu den Schichten ein Strom, der wie bei einer LED Photonen (Lichtquanten) erzeugt. Bei Überschreiten eines Stromschwellwerts tritt eine Lichtverstärkung durch stimulierte Emission in der hochdotierten Sperrschicht auf. Die in dieser Schicht laufende Lichtwelle wird an den polierten und verspiegelten Enden teilweise reflektiert. Die reflektierte Welle wird in der Schicht wieder verstärkt, wodurch das eigentliche Laserlicht – Strahlung einer Wellenlänge und einer Phasenlage – entsteht. Dieses tritt an der Stirnfläche

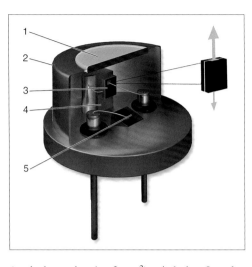

Abb. 24:
Schematischer Auf-
bau einer Laserdiode
1 Glasfenster
2 Gehäuse
3 Laserchip
4 Wärmesenke
5 Monitordiode

(typischerweise $1 \times 3\ \mu m^2$) mit hoher Leucht-
dichte aus. In der Gegenrichtung strahlt das
Laserlicht auf eine Monitordiode, die den
Lichtstrom kontinuierlich misst und so eine
Regelung des Laserchipstroms erlaubt, um die
abgestrahlte Leistung konstant zu halten.

Der durch das am Gehäuse angebrachte Glasfenster in Hauptrichtung austretende Laserstrahl besitzt bei marktüblichen Laserdioden
einen Öffnungswinkel von typischerweise 10°
bis 30°. Um hieraus eine parallele oder fokus-
sierte Strahlung zu erhalten, bedarf es einer
präzisen asphärischen Optik, die mit geringen
Toleranzen auf die Laserdiode einjustiert sein
muss.

**Strahlformung
bei Laser-
sensoren**

Auf Grund der hohen Leuchtdichten im op-
tisch gebündelten Strahlengang sind beim Um-
gang mit Lasersensoren die erforderlichen
Schutzmaßnahmen einzuhalten und entsprechende Vorsicht ist geboten. Lasereinrichtun-
gen werden nach EN 60825-1 in unterschiedliche Klassen eingeteilt. Marktübliche optische
Abstandssensoren sind in der Regel Geräte der

Abb. 25:
Optischer Abstands-
sensor der Laser-
klasse 2 nach dem
Pulslaufzeitverfahren
(siehe Abb. 30)

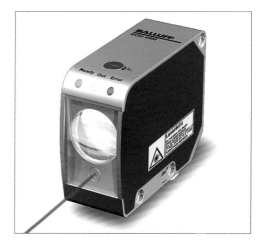

Laserklassen

Laserklassen 1 oder 2 (Abb. 25). EN 60825-1 definiert die maximal zulässigen Grenzwerte der emittierten Lichtleistung sowie die erforderlichen Schutzmaßnahmen und Kennzeichnungen dieser Geräte.

Lichtempfänger

Fotodiode

Fotodioden werden in großen Stückzahlen als Lichtempfänger in binären Standardsensoren eingesetzt. Ein in Sperrrichtung vorgespannter pn-Übergang liefert bei Einfall von Licht ein fotoelektrisches Signal. Dieses besteht aus Änderungen im Sperrschichtstrom infolge der Erzeugung von Elektron-Loch-Paaren.

Avalanche-Fotodiode

Avalanche-Fotodioden (Lawineneffektdioden, kurz APD) sind besonders für höchstempfindliche Messungen bei hohen Modulationsfrequenzen geeignet, wie sie beispielsweise bei Lichtlaufzeitmessungen erforderlich sind. Es wird eine hohe interne Verstärkung erreicht, indem die durch das Licht freigesetzten Ladungsträger durch eine hohe Spannung derart beschleunigt werden, dass weitere Elektron-Loch-Paare lawinenartig erzeugt werden.

Ein PSD-Element ist eine Lateraleffektdiode mit ausgedehnter lichtempfindlicher Fläche. Der auf diese Fläche auftreffende Lichtstrahl erzeugt in der Diode einen Gesamtstrom I, der sich in zwei Teilströme I_1 und I_2 aufspaltet (Abb. 26). Das Verhältnis dieser Teilströme wird durch die Lage x des Auftreffpunkts bestimmt. Besitzt die aktive Fläche eine Gesamtlänge L, so gilt:

PSD-Element

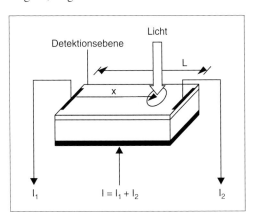

Abb. 26:
Schematischer Aufbau und Funktionsweise eines PSD-Elements;
L Länge der aktiven Fläche
x Lage des Schwerpunkts der auftreffenden Intensitätsverteilung

$$\frac{I_1 - I_2}{I_1 + I_2} = \frac{L - 2x}{L} \qquad (3)$$

Auftreffpunkt

Durch Messung der Teilströme kann die Position des Auftreffpunkts bestimmt werden. Durch die Verhältnisbildung (Gleichung 3) hängt das Ergebnis nicht von der einfallenden Lichtintensität und damit auch nicht vom Reflexionsvermögen der Objektoberfläche ab. Dagegen geht die räumliche Verteilung der Reflexion ein. Die Lateraleffektdiode reagiert auf den Schwerpunkt des einfallenden Lichts und kann dadurch als Sensorelement für Triangulationssensoren verwendet werden.

CCD-Zeilen (Abk. von engl. *charge-coupled device*) bestehen aus einer Vielzahl von anei-

CCD-Zeile

nandergereihten Fotodetektoren (Abb. 27). Jedem Detektor ist eine Kapazität zugeordnet. Durch Lichteinwirkung findet in den Fotodetektoren eine Ladungstrennung statt. Die freigesetzten Elektronen laden die zugeordnete Kapazität auf. Durch einen Steuerimpuls werden die Ladungspakete in ein analoges Schieberegister transferiert. Die Ladungsverteilung im Schieberegister entspricht der Intensitätsverteilung des Lichts entlang der CCD-Zeile, das während der Belichtungszeit auf die Zeile einfiel.

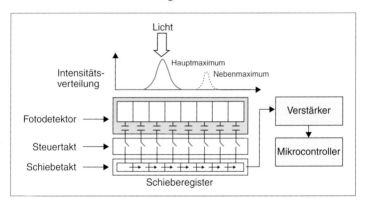

Abb. 27: Schematischer Aufbau und Funktionsweise einer CCD-Zeile

Weil mit dem Steuersignal zugleich die Detektoren entladen werden, ist die CCD-Zeile bereit für eine erneute Belichtung. Parallel dazu erfolgt im Schieberegister durch den Schiebetakt ein schrittweiser ladungsgekoppelter Transport aller Ladungspakete von einem Element zum nächsten. Die Ladungsverteilung wird einem Ausgangsverstärker zugeführt. Ein nachgeschalteter Mikrocontroller analysiert die Lichtverteilung. Auch CCD-Zeilen finden in Triangulationssensoren Anwendung.

Optik

Die Sende- und Empfangsoptiken von optoelektronischen Abstandssensoren bestehen im

Allgemeinen je aus einer Kunststoff- oder Glaslinse. Die Linsenform und -anordnung ist dem jeweiligen Funktionsprinzip und der Reichweite angepasst.

Blindzone

Der Bereich vor dem Sensor, in dem der Sensor kein Ausgangssignal liefert, wird Blindbereich genannt. Die Größe dieses Bereichs wird im Wesentlichen durch die Anordnung der optischen Achse des Senders relativ zur optischen Achse des Empfängers bestimmt. Je größer der Abstand zwischen der Sende- und Empfangsoptik, desto größer die Blindzone. Beim Triangulationsprinzip steigen mit größerem Abstand zwischen Sender und Empfänger (Basislänge B) allerdings die maximale Reichweite und das Auflösungsvermögen (siehe *Abstandssensoren nach dem Prinzip der Triangulation,* S. 46 ff.).

Autokolli-mationsoptik

Bei einer Autokollimationsoptik sind die optischen Achsen des Senders und des Empfängers identisch. Dieser Optiktyp wird durch Anbringen einer Laserdiodenoptik im Zentrum einer größeren Empfangsoptik oder mittels eines teildurchlässigen Spiegels und einer Linse (Abb. 28) realisiert. Außer beim Pulslaufzeitverfahren, das durch die extrem kurzen Laufzeiten in einem gewissen Nahbereich keine Auswertung zulässt, weist die Autokollimationsoptik keinen Blindbereich auf.

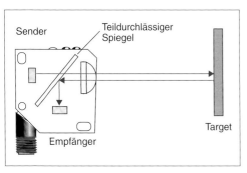

Abb. 28: Autokollimations-optik

**Maximale
Reichweite**

Die Genauigkeit des Messergebnisses wird durch das Verhältnis der am Detektor ankommenden Signalleistung zum Rauschanteil der Bauelemente bestimmt. Große Reichweiten werden erzielt, indem der Sender seine maximal mögliche Leistung abstrahlt, die optischen Verluste zwischen dem Sende- und Empfangselement klein gehalten und auf der Empfangsseite hochempfindliche Bauelemente verwendet werden.

Optische Verluste ergeben sich aus der wellenlängenabhängigen Reflektivität (Remission) und der Oberflächenbeschaffenheit der Objekte. Im Fernbereich (große Objektabstände) kommt noch die Tatsache zum Tragen, dass die von einem Objekt diffus reflektierte Leuchtdichte quadratisch mit dem Objektabstand abnimmt.

Je größer der Durchmesser der Empfängerlinsen, desto mehr Lichtleistung wird gesammelt. Aus Volumen- und Gewichtsgründen handelt es sich oft um Fresnellinsen.

Abstandssensoren nach dem Prinzip der Triangulation

Das Prinzip der Triangulation ist aus der geodätischen Messtechnik bekannt. Ein zu messendes Objekt wird von zwei fixen Punkten aus anvisiert, deren Basisabstand bekannt ist: Aus den geometrischen Verhältnissen kann die Entfernung des anvisierten Objekts eindeutig ermittelt werden.

Diffuse Reflexion

Bei der Lasertriangulation (Abb. 29) wird ein Laserstrahl auf das zu messende Objekt gerichtet. Das vom Auftreffpunkt diffus reflektierte Licht wird über eine Empfangsoptik in die Detektionsebene abgebildet. Der Detektor ermittelt den Schwerpunkt der Intensitätsverteilung. Aus der Lage x des Schwerpunkts, der

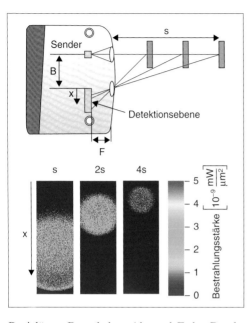

Abb. 29:
Oben: Das Prinzip
der Triangulation
Unten: Lichtinten-
sitätsverteilung in der
Detektionsebene bei
unterschiedlichen
Objektabständen
(Simulationsergebnis)

Basislänge B und dem Abstand F der Detektionsebene zur Optik wird der Objektabstand s bestimmt:

$$s = B \cdot \frac{F}{x} \qquad (4)$$

Objektabstand bei der Triangulation

Aufgrund des nichtlinearen Zusammenhangs zwischen x und s muss die Ausgangskennlinie linearisiert werden. Dies wird im Allgemeinen durch einen leistungsfähigen Mikrocontroller realisiert.

Als Detektoren werden PSD-Elemente oder CCD-Zeilen eingesetzt. PSD-Elemente zeichnen sich durch hohe Dynamik aus. Durch die Ermittlung des Lichtschwerpunkts liefern sie jedoch nur eine Punktinformation. Demgegenüber erlauben CCD-Zeilen durch die Analyse der Lichtverteilung auch die Identifikation und Filterung störender Lichtreflexionen (Nebenmaxima im Lichtintensitätsverlauf (siehe Abb. 27)) und gewährleisten so eine genauere und störunempfindlichere Auswertung.

Abstandssensoren nach dem Prinzip der Lichtlaufzeitmessung

Bei diesem Messprinzip sendet das Messsystem ein Lichtsignal aus, das am Objekt reflektiert und vom Empfänger empfangen wird. Die hierfür benötigte Zeit t ist ein Maß für den Objektabstand s. Durchläuft das Licht ein Medium, z. B. eine Flüssigkeit, so verringert sich die Geschwindigkeit um den Brechungsindex n gegenüber der Vakuumlichtgeschwindigkeit c. Für rotes Laserdiodenlicht der Wellenlänge 685 nm gilt in Luft n = 1 und in Wasser n = 1,3. Der Objektabstand errechnet sich allgemein zu:

Objektabstand aus der Pulslaufzeit

$$s = \frac{t}{2} \cdot \frac{c}{n} \tag{5}$$

Um Abstände von einigen Zentimetern bis zu 10 m und Auflösungen von wenigen Millimetern zu erhalten, müssen schnell modulierte Halbleiterlaser zur Lichterzeugung und schnelle Detektoren zur Erfassung des Lichts eingesetzt werden. Zur Messung der Laufzeit werden im Wesentlichen zwei unterschiedliche Techniken angewendet, die sich in der Form der Lichtwelle unterscheiden: das Pulslaufzeit- und das Phasenlaufzeitverfahren.

Pulslaufzeitverfahren

Beim Pulslaufzeitverfahren werden in der Laserdiode kurze Lichtpulse von wenigen Nanosekunden Dauer (entsprechen ca. 50 cm bis 1 m Länge) mit hoher Wiederholrate (bis mehrere Megahertz) erzeugt. Durch direkte Messung der Laufzeit ergibt sich der Objektabstand nach Gleichung 5. Beim Aussenden des Lichtpulses wird durch ein internes Startsignal eine elektro-

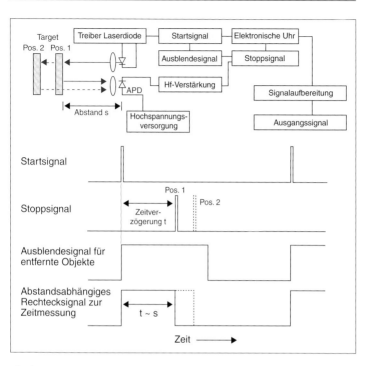

nische »Uhr« gestartet (Abb. 30). Sobald der Lichtpuls wieder am Empfänger eintrifft, wird die Uhr angehalten und ausgelesen. Signale, die von weit entfernten Objekten reflektiert werden, werden über ein internes Signal ausgeblendet.

Abb. 30:
Funktionen und Sig-
nale beim Pulslauf-
zeitverfahren

Phasenlaufzeitverfahren

Das Phasenlaufzeitverfahren (Abb. 31) verwendet einen modulierten kontinuierlichen Lichtstrahl. Bei der Periodendauer T des Modulationssignals ergibt sich zwischen der emittierten und detektierten Lichtwelle eine Phasenverschiebung $\varphi = 2\pi \cdot t/T$, die direkt mit der Laufzeit t (aus Gleichung 5) und somit auch mit dem Objektabstand verknüpft ist:

Abb. 31:
Das Prinzip des Phasenlaufzeitverfahrens

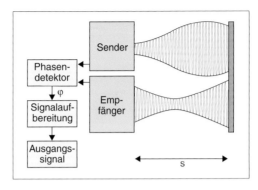

Objektabstand aus der Phasenlaufzeit

$$s = \varphi \cdot c \cdot \frac{T}{4\pi \cdot n} \qquad (6)$$

Ist die Laufzeit größer als die Periodendauer des Modulationssignals, ergeben sich Mehrdeutigkeitsprobleme, die mit bekannten Verfahren aus der Radartechnik beseitigt werden können, beispielsweise durch Frequenzmodulation.

Anwendungen

Durch ständige Weiterentwicklungen und Verbesserungen der Technologie optoelektronischer Abstandssensoren wurde die Betriebssicherheit erhöht. Umwelteinflüsse wie Verschmutzung und Fremdlicht spielen eine immer geringere Rolle. Die Einsatzmöglichkeiten zur Lösung von Automatisierungsaufgaben sind beinahe unbegrenzt. Beispielhaft seien erwähnt (Abb. 32):

Typische Einsatzbereiche

- die Abstands- und Positionskontrolle (Entfernungs-, Höhen-, Füllstandsmessung)
- die Konturbestimmung bei bewegten Objekten in der Qualitätskontrolle oder zum Sortieren nach unterschiedlichen Kriterien
- die Dicken- oder Volumenmessung an Holz, Blech und anderen Werkstoffen durch Differenzbildung der Messwerte gegenüberliegender Sensoren

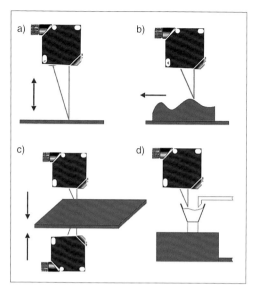

Abb. 32:
Typische Anwendungen optoelektronischer Abstandssensoren
a) Abstandsmessung
b) Konturenbestimmung
c) Dickenmessung
d) Füllstandskontrolle

- die Positionskontrolle von Werkzeugen, insbesondere die Kleinteileerkennung auf große Distanzen
- die Toleranzvermessung in der Produktion (Schlagmessung, Geometrievermessung)
- die Lageerkennung von Teilen.

Im Folgenden ein repräsentatives Beispiel aus der Fülle der Anwendungsmöglichkeiten: Im Rahmen der Qualitäts- und Endkontrolle bei der Sitzmontage am Kraftfahrzeug wird die Funktion der motorgetriebenen Sitzverstellung vor dem Einbau in das Fahrzeug überprüft. Sowohl die Position des Sitzes als auch die der Rückenlehne ist bei entsprechender Motorstellung zu vermessen. Schwierig bei dieser Aufgabe sind die unterschiedlichen Farben und Oberflächen der Sitzbezüge. Das Spektrum reicht von schwarzem Stoff bis zu hellem, glänzendem Leder. Gelöst wird diese Aufgabe durch einen Abstandssensor, der nach dem Pulslauf-

Beispiel Sitzmontage im Pkw

zeitmessverfahren arbeitet (Abb. 33). Nach der Montage in das Fahrzeug wird der Sitz in eine vordefinierte Position gefahren. Die Überprüfung dieser Position übernimmt ebenfalls ein optoelektronischer Abstandssensor.

Fazit

Wichtige Kennwerte

Das Spektrum optoelektronischer Abstandssensoren reicht von Miniatursensoren, mit denen in sehr beengten Verhältnissen Abstände erfasst werden, bis hin zu sehr leistungsstarken Sensoren, die auch bei großen Abständen noch präzise Ausgangssignale liefern. Die Messbereiche erstrecken sich typischerweise von 30 mm bis zu 30 m bei einer Auflösungsgrenze von wenigen Mikrometern bis hin zu 5 mm. Weitere charakteristische Kenndaten der optoelektronischen Abstandssensoren sind Linearitätsfehler unter 1 %, Wiederholgenauigkeit ±0,15 %, Schutzarten bis zu IP67 sowie Schutzklasse II und Grenzfrequenzen bis zu 1 kHz.

Magnetostriktive Wegsensoren

Auf Basis der Magnetostriktion arbeitende lineare Wegsensoren bringen überzeugende Eigenschaften für den industriellen Einsatz mit. Dazu zählt vor allem ihre berührungslose und damit verschleißfreie Arbeitsweise. Ihr Funktionsprinzip erlaubt es, sie in hermetisch dichte Gehäuse einzubauen, denn die Positionsinformation wird über Magnetfelder berührungslos durch die Gehäusewand in das Innere des Sensors übertragen. Ohne umständliche, aufwändige und fehleranfällige Dichtungskonzepte erreichen magnetostriktive Wegsensoren deshalb die hohen Schutzarten IP67 oder IP68.

Physikalische Grundlagen

Magnetostriktion

Unter Magnetostriktion (lat. *strictio*: Zusammenziehung) versteht man alle von Magnetisierungsprozessen herrührenden Änderungen der geometrischen Abmessungen von Körpern, besonders von Ferro-, Antiferro- und Ferrimagneten. Die Erscheinungen lassen sich in volumeninvariante Gestaltsänderungen und forminvariante Volumenänderungen einteilen. Verkürzt sich die Probe in Magnetisierungsrichtung, so spricht man von negativer, andernfalls von positiver Magnetostriktion [14]. In der praktischen Anwendung dominiert die Gestaltsmagnetostriktion, die um zwei Größenordnungen ausgeprägter ist als die Volumenmagnetostriktion.

Abbildung 34 zeigt die positive Gestaltsmagnetostriktion eines Würfels, verursacht durch das Anlegen eines Magnetfelds der Feldstärke $\mathbf{H}$. Es erfolgt eine Längenzunahme in Richtung der

Definition

Positive Gestaltsmagnetostriktion

Magnetisierung **M**, quer zur Magnetisierung nimmt die Körperausdehnung ab. Der Körper streckt sich in Richtung der Magnetfeldlinien. Besonders ausgeprägt ist der magnetostriktive Effekt an verschiedenen Metallen wie Eisen, Cobalt, Nickel und deren Legierungen, wobei die Größe und Richtung des Effekts stark von der Zusammensetzung der Legierung abhängen.

Abb. 34:
Auswirkung einer
positiven Gestalts-
magnetostriktion auf
die Geometrie eines
Würfels

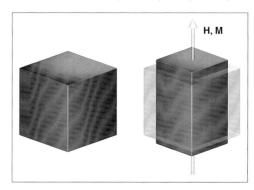

H, M

Umkehrung des Effekts

Analog zum piezoelektrischen Effekt ist auch der magnetostriktive Effekt umkehrbar. Die elastische Verformung eines magnetostriktiven Körpers in geeigneter Richtung führt zu einer Richtungsänderung der remanenten Magnetisierung, die sich über Induktionsspulen nachweisen lässt.

Torsionale Körperschallwellen

Durch Magnetostriktion lassen sich auf rohr- oder drahtförmigen Körpern torsionale Körperschallwellen anregen; dies ist Grundvoraussetzung für die Konstruktion magnetostriktiver Wegsensoren. Abbildung 35 zeigt den prinzipiellen Aufbau: In ein Rohr aus magnetostriktivem Material ist ein elektrischer Leiter eingefädelt. Die imaginäre Linientextur des Rohrs soll die Beschreibung der Funktionsweise erleichtern. Am Umfang des Rohrs sind

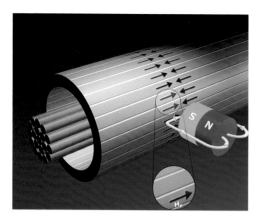

Abb. 35:
Magnetostriktives Rohr mit eingefädeltem Kupferleiter und benachbartem Permanentmagneten

Zwei überlagerte Magnetfelder

ein oder mehrere Permanentmagnete platziert. Für die Funktionsweise sind lediglich die in der Wand des Rohrs gebündelten und in axialer Richtung verlaufenden Feldkomponenten H_P dieser Permanentmagnete interessant. Wird durch den Leiter ein Strom I geschickt, umgibt sich dieser mit einem zirkularen Magnetfeld (Abb. 36). Auch dieses Magnetfeld wird zu einem großen Teil in der Wand des Rohrs gebündelt und durch den Pfeil H_I repräsentiert. Durch Überlagerung der beiden Felder ergibt

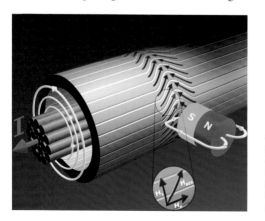

Abb. 36:
Durch Anlegen eines Stromimpulses bildet sich eine elastische torsionale Verformung durch Magnetostriktion aus.

sich das resultierende Magnetfeld H_{RES}. Idealerweise werden die Feldstärken so gewählt, dass H_{RES} um ca. 45° gegen H_P ausgelenkt ist. Da es sich bei dem Rohr um ein positiv magnetostriktives Material handelt, streckt sich das Material in Richtung des resultierenden Magnetfelds. Es bildet sich ein ringförmiger Bereich aus, der gegenüber dem restlichen Rohr leicht tordiert ist, sichtbar gemacht durch die Verformung der imaginären Linientextur.

Auslösung der Körperschall- welle

Um die erwünschte Körperschallwelle auszulösen, wird die Torsion durch einen kurzen Stromimpuls von wenigen Mikrosekunden Dauer auf- und sofort wieder abgebaut. Vergleichbar ist dieser Vorgang mit der Auslösung einer transversalen Welle in einem gespannten Seil durch eine schnelle Auf- und Abwärtsbewegung. Wie man aus Erfahrung weiß, entscheidet die zeitliche Abfolge der Auf- und Abwärtsbewegung über die erreichbare Amplitude der Seilwelle. Nicht anders ist es bei der magnetostriktiv ausgelösten Welle auf dem Rohr. Auch hier ist eine exakte Abfolge der positiven und negativen Flanke des auslösenden Stromimpulses entscheidend für die Amplitude der Welle.

Abbildung 37 zeigt in einer Bildsequenz den Auf- und Abbau der Torsion und die darauf folgende Ausbreitung der Welle. Die Körperschallwelle läuft vom Ort der Auslösung in beide Richtungen zu den Rohrenden. Ihre Fortpflanzungsgeschwindigkeit errechnet sich aus dem Schubmodul G und der Dichte ρ des magnetostriktiven Materials:

Fortpflanzungs- geschwindigkeit

$$v = \sqrt{\frac{G}{\rho}} \qquad (7)$$

Die Fortpflanzungsgeschwindigkeit beträgt bei marktüblichen Wegsensoren ca. 2850 m/s. Sie ist durch die verwendete Legierung weitgehend unabhängig von der Temperatur.

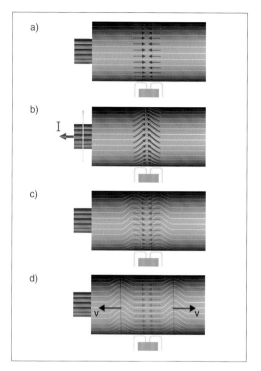

Abb. 37:
Ausbreitung der tor-
sionalen Körper-
schallwelle

a) Ausgangssitua-
tion: Das Rohr ist
lediglich an der
Stelle des Perma-
nentmagneten
magnetisiert.

b) Der Strom ist
angelegt. Die
Magnetfelder des
Permanentmagne-
ten und des Stroms
überlagern sich.
Die magnetostrik-
tive Torsion hat
sich bereits voll
ausgebildet.

c) Der Strom ist wie-
der abgeschaltet.
Die Torsion baut
sich in der Mitte
zuerst ab. Die
Fortpflanzung der
Welle beginnt.

d) Die Torsionswelle
pflanzt sich in bei-
de Richtungen mit
v = 2850 m/s fort.

Wichtig zu wissen ist, dass sich torsionale Wellen anders als Transversalwellen von außen weder durch Schock noch durch Vibration anregen lassen. Dies wirkt sich äußerst positiv auf die Störsicherheit magnetostriktiver Wegsensoren aus.

Störsicherheit

Messprinzip und Sensoraufbau

Die grundlegende Idee für einen linearen, berührungslos arbeitenden magnetostriktiven Wegsensor ist einfach. Die am Ort des Magneten erzeugte Torsionswelle läuft auf dem Rohr in beide Richtungen bis zu den Enden. An dem einen Ende des Rohrs ist die Welle un-

Detektion der Welle

erwünscht und wird deshalb durch Reibung weggedämpft. Am anderen Ende befindet sich ein Detektor in Form einer Induktionsspule, der das Eintreffen der Torsionswelle anzeigt (umgekehrt magnetostriktiver Effekt). Die Zeit zwischen dem Auslösen der Welle und dem Eintreffen bei der Detektorspule wird über eine hochauflösende Laufzeitmessung erfasst. Aus der gemessenen Zeit kann direkt die zurückgelegte Strecke und damit die gesuchte Position des Magneten errechnet werden.

Abbildung 38 zeigt den grundsätzlichen Aufbau magnetostriktiver Wegsensoren. Zentrale Elemente sind der rohr- oder drahtförmige Wellenleiter und ein oder mehrere zylindrische Permanentmagnete am Umfang des Wellenleiterröhrchens. Diese sind in einem Träger (in Abb. 38 nicht dargestellt) fixiert, dem so genannten Positionsgeber, der entlang des Wellenleiters axial frei verschiebbar ist.

Abmessungen

Abb. 38:
Grundsätzlicher Aufbau magnetostriktiver Wegsensoren

Der rohrförmige Wellenleiter hat einen Außendurchmesser von 0,7 mm bei einem Innendurchmesser von 0,5 mm. Die Länge entspricht der gewünschten Nennmesslänge zuzüglich einiger Millimeter für die Dämpfungsstrecke und den Detektor. In das Wellenleiter-

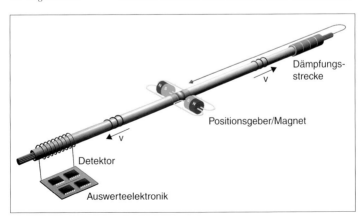

röhrchen ist eine Kupferlitze eingefädelt, durch die der auslösende Stromimpuls geschickt wird. Die Kupferlitze wird außerhalb des Wellenleiters zurückgeführt. Besteht der Wellenleiter nicht aus einem Röhrchen, sondern aus einem massiven Draht, wird der Strom direkt durch den Draht geschickt.

Die Schnittstellen magnetostriktiver Wegsensoren reichen von analogen über digitale Start/Stopp- bis hin zu busfähigen Schnittstellen (siehe *Schnittstellen linearer Weg- und Abstandssensoren*, S. 77 ff.)

Schnittstellen

Gehäusekonzepte und Anwendungen

Profilbauformen

Abbildung 39 unten zeigt den Schnitt durch das Gehäuse eines Wegsensors in Profilbauform. Die Elektronik ist in einem Aluminiumprofil untergebracht, das zugleich einen zylindrischen Kanal zur Aufnahme der Messstrecke zur Verfügung stellt. Die Messstrecke besteht aus einem geschlitzten Fiberglasrohr, in das der Wellenleiter eingebettet ist. Das Aluminiumprofil wird mit zwei Endkappen verschlossen und man erhält ein hermetisch dichtes Gehäuse der Schutzart IP67. Die Magnete des Positionsgebers wirken durch die Wand des Aluminiumprofils auf den Wellenleiter.

Zwei Varianten des Positionsgebers sind zu unterscheiden: freie und geführte Positionsgeber. Freie Positionsgeber werden direkt an dem zu messenden bewegten Maschinenteil befestigt und bewegen sich mit dem Teil in einem bestimmten Abstand zum Gehäuse des magnetostriktiven Wegsensors an diesem entlang. Vorteilhaft ist, dass keine großen Anforderungen an die Führungspräzision zu stellen sind. Die Sensoren tolerieren einen seitlichen Versatz ebenso

Zwei Varianten: freie …

Abb. 39.
Unten: Profilbau-
form mit freiem Posi-
tionsgeber im Schnitt
Oben: Profilbauform
mit geführtem Posi-
tionsgeber und
Gelenkstange

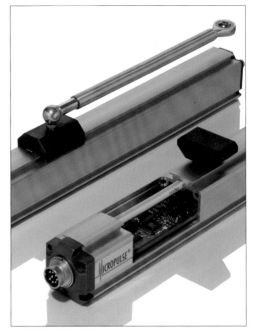

... und geführte Positionsgeber

wie einen Höhenversatz bis zu einigen Millimetern. Können selbst diese großzügigen Toleranzen nicht eingehalten werden, wird gerne auf geführte Positionsgeber zurückgegriffen. Bei diesen wirkt das Profilgehäuse des Wegsensors zugleich als Gleitschiene, auf der der Positionsgeber als Schlitten läuft. Eine Gelenkstange mit Kugelköpfen (Abb. 39 oben) gleicht selbst stark unparallele Bewegungen aus.

Stabbauformen

Abbildung 40 zeigt Beispiele magnetostriktiver Wegsensoren in Stabbauform. Diese Bauform findet ihre wichtigste Anwendung in hydraulischen Antrieben. Der Einbau in den Druckbereich eines Hydraulikzylinders erfordert vom Wegsensor die gleiche Druckfestig-

Druckfeste Bauform

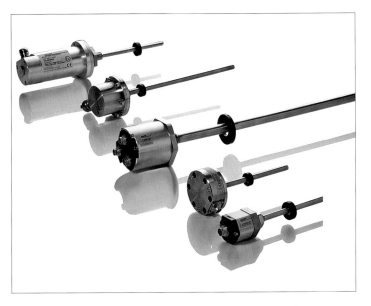

keit wie für den Hydraulikzylinder. In der Praxis werden Drücke bis zu 600 bar erreicht. Die Elektronik ist in ein stabförmiges Gehäuse aus Aluminium oder Edelstahl eingebaut, der Wellenleiter in ein druckfestes Rohr aus unmagnetischem Edelstahl, das stirnseitig durch einen eingeschweißten Stopfen verschlossen wird. Der Flansch auf der gegenüberliegenden Seite dichtet den Hochdruckbereich über eine O-Ring- oder Flachdichtung ab. Auf dem Rohr mit dem Wellenleiter gleitet ein Positionsgeberring mit den darin eingesetzten Magneten.

*Abb. 40:
Stabbauformen
magnetostriktiver
Wegsensoren*

Explosionsgeschützte Ausführungen
Viele Applikationen erfordern den Einsatz von Wegsensoren in explosionsgefährdeten Bereichen. Für den Einsatz in Zone 0 oder 1 stehen druckgekapselte magnetostriktive Wegaufnehmer in unterschiedlichen Bauformen zur Verfügung.

**Druckgekapselte
Bauform**

Sicherheit durch Redundanz

Redundant aufgebaute Sensoren für Sicherheitsanwendungen

Magnetostriktive Wegsensoren eignen sich hervorragend für Anwendungen, die hohe Sicherheit oder ständige Verfügbarkeit voraussetzen. Oft werden sie zweifach oder gar dreifach redundant aufgebaut, um die Selbstüberwachung sicherzustellen oder gegebenenfalls über einen Reservekanal zu verfügen. Zahlreiche Applikationsbeispiele für redundant aufgebaute magnetostriktive Wegsensoren finden sich in Schiffsantrieben, Kraftwerken und Eisenbahnzügen.

Zwei Messwege – ein Sensor

Zwei Positionsgeber, zwei Wellen …

… zwei Ortsbestimmungen

Magnetostriktive Wegsensoren bieten die Möglichkeit mit einem einzigen Wegsensor zwei oder mehr unabhängige Positionen zu erfassen. Wird ein zweiter Positionsgebermagnet über dem Wellenleiter platziert, können mit einem initiierenden Stromimpuls gleichzeitig zwei torsionale Körperschallwellen ausgelöst werden, jeweils am Ort des positionsgebenden Magneten. Diese Wellen treffen zeitlich versetzt bei der Detektorspule ein und erzeugen zwei Stoppimpulse. Sofern die Elektronik in der Lage ist, beide Stoppimpulse zu verarbeiten, erfolgen zwei voneinander unabhängige Ortsbestimmungen. Anwendung findet diese Technik häufig bei Spritzgießmaschinen für die Erfassung der Position der Schließeinheit und des Auswerfers mit einem einzigen Wegsensor. Für diese Aufgabe kamen früher z. B. zwei Potentiometer-Wegsensoren zum Einsatz.

Abbildung 41 zeigt einen Wegsensor in runder Profilbauform mit zwei Positionsgebern. Die Lage des jeweiligen Messbereichs ist für beide Positionsgeber über die gesamte Nennmesslänge des Wegsensors beliebig programmierbar; selbst Überlappungen der Messbereiche sind erlaubt.

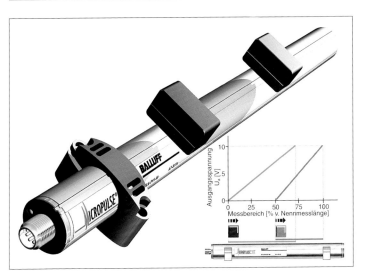

Lagegeregelter hydraulischer Antrieb

Mithilfe magnetostriktiver Wegsensoren lassen sich lagegeregelte hydraulische Antriebe bauen, die die überlegene Kraftentfaltung und Dynamik hydraulischer Antriebe mit der feinen Positionierbarkeit elektrischer Achsen vereinen. Für die Lageregelung ist eine ständige Rückmeldung der Istposition erforderlich. In den meisten Fällen übernehmen magnetostriktive Wegsensoren in Stabbauform, die direkt in den Hydraulikzylinder integriert sind, diese Aufgabe.

Das Schutzrohr des Wellenleiters steckt in einer Langlochbohrung im Kolben (Abb. 42). Der Kolben trägt den ringförmigen Positionsgeber mit den Permanentmagneten. Das Edelstahlschutzrohr des Wellenleiters ist dem Hydraulikdruck ausgesetzt und deshalb druckfest bis 600 bar ausgeführt. Die Abdichtung des Hochdruckbereichs erfolgt am Flansch des magnetostriktiven Wegsensors mit einer O-Ring- oder Flachdichtung.

Abb. 41:
Durch die Mehrmagnettechnik können zwei unabhängige Bewegungen mit einem Wegsensor erfasst werden.

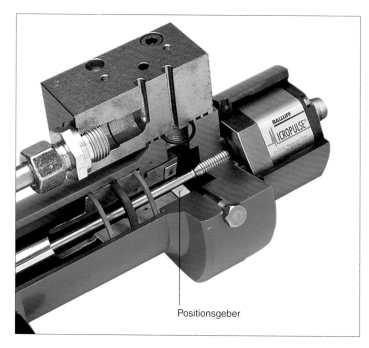

Positionsgeber

Abb. 42:
Hydraulischer
Antrieb mit integrier-
tem Wegsensor

Regelung des Anstellwinkels in der Strömungstechnik

Die Einstellung des idealen Arbeitspunkts erfordert bei vielen strömungstechnischen Maschinen und Anlagen eine Regelung des Anstellwinkels des umströmten Maschinenteils. Anwendungsbeispiele finden sich in Wind-, Wärme- und Wasserkraftwerken sowie bei Schiffsantrieben und Großlüftern. Bei allen Applikationen ist eine positionsgeregelte lineare Bewegung in eine drehende Bewegung um die Längsachse des Maschinenteils umzusetzen. Als Antrieb wird deshalb meist ein geregelter hydraulischer Antrieb eingesetzt, der die erforderliche – in der Regel recht große – Kraft und Dynamik auf kleinstem Raum zur Verfügung stellt.

In Windkraftanlagen ist die Kontrolle des Anstellwinkels der Rotorblätter essentiell für die erzielbare Energieausbeute und für die Sicherheit der Anlage unter Starkwindbedingungen. Es kommt darauf an, den idealen Anstellwinkel der Rotorblätter einzuregeln, bei dem die erzielte Energieausbeute bei zugleich relativ konstanter Drehzahl maximal ist. Je größer die Windkraftanlage ist, desto eher amortisieren sich die Kosten für diese Maßnahmen. Bei großen Windkraftanlagen finden sich daher heute schon Rotoren, deren Blätter einzeln in

Windkraftanlage

Rotorblattverstellung

Abb. 43:
Windkraftanlage mit
regelbarem Anstell
winkel der Rotor
blätter

ihrem Anstellwinkel geregelt werden (Abb. 43), denn die Windverhältnisse in der Höhe unterscheiden sich merklich von den Verhältnissen in Bodennähe. Demzufolge variiert der ideale Anstellwinkel während jeder Umdrehung und wird folgerichtig im Verlauf der Umdrehung permanent durch einen hydraulischen Antrieb mit magnetostriktivem Wegsensor optimiert.

Fazit

Wichtige Kennwerte

Magnetostriktive Wegsensoren konnten sich aufgrund ihrer überzeugenden Kenndaten hinsichtlich Schutzart, Schock- und Vibrationsunempfindlichkeit einen festen Platz in teilweise sehr unterschiedlichen Branchen des Maschinenbaus sichern. Die absolute und berührungslose Arbeitsweise trägt ihren Teil dazu bei. Typische Kenndaten magnetostriktiver Wegsensoren sind Nennmesslängen bis 4000 mm (6000 mm), eine Linearität besser als ±0,02 % (±30 µm linearisiert) und Messwertraten bis 1 kHz. Besonders reichhaltig ist die Auswahl an Schnittstellen, die von analogen Spannungs- und Stromschnittstellen über digitale Start/Stopp-Schnittstellen bis hin zu allen marktüblichen Feldbussystemen reicht.

Wegsensoren mit magnetisch kodiertem Maßkörper

Sensoraufbau

Das in diesem Kapitel beschriebene Messsystem verfügt über einen Sensorkopf (Abb. 44), der die Magnetfeldsensoren (kurz MFS) und die komplette Elektronik aufnimmt, und einen magnetisch kodierten Maßkörper. Der Maßkörper besteht meist aus einem flexiblen magnetisierbaren Kunststoffband auf einem Trägermaterial. Auf dem Kunststoffband befinden sich abwechselnd magnetische Nord- (rot) und Südpole (grün).

Sensorkopf und Maßkörper

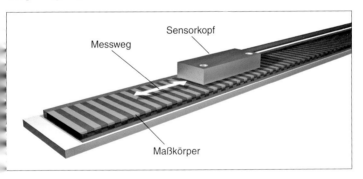

Die magnetischen Feldlinien bilden ein dreidimensionales Vektorfeld, dessen Periode der doppelten Polbreite des Maßkörpers entspricht und sich im Bereich zwischen einigen Zehntelmillimetern bis zu einigen Millimetern bewegt. Der Sensorkopf bewegt sich in der Mitte und oberhalb des Maßkörpers. Die Randbereiche des Maßkörpers werden bei der Messung nicht berücksichtigt.

Abb. 44:
Prinzipbild eines Wegsensors mit magnetisch kodiertem Maßkörper

Funktionsweise

Zwei Magnet-feldsensoren ...

Um die Weginformation aufzunehmen, wird der Sensorkopf berührungslos im Abstand von nahezu null bis maximal etwa einer drittel Polbreite über den Maßkörper geführt. Im Sensorkopf befinden sich zwei Magnetfeldsensoren, die entweder die Komponente des Magnetfeldvektors in der Richtung ihrer Empfindlichkeit oder den Winkel des magnetischen Vektorfeldes zur Bewegungsrichtung messen (Abb. 45).

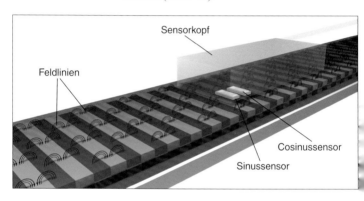

Sensorkopf

Feldlinien

Cosinussensor

Sinussensor

Abb. 45:
Zwei Magnetfeld-sensoren im Abstand einer dreiviertel magnetischen Periode und angedeutete Magnetfeldlinien eines magnetischen Maßkörpers

... Sinus- und Cosinussensor

Das Zählen der magnetischen Perioden erlaubt eine Aussage über den zurückgelegten Weg. Um richtungsabhängig zählen zu können, müssen die beiden Magnetfeldsensoren bei ihrer gemeinsamen Bewegung entlang der Messstrecke versetzte Signale ausgeben. Üblicherweise werden sie dazu im Abstand von einer viertel oder dreiviertel Magnetfeldperiode (halbe oder eineinhalb Polbreiten) zueinander im Sensorkopf angeordnet. Bei jeweils sinusförmigem Verlauf der ausgegebenen Signale beträgt der Phasenunterschied dann 90° bzw. 270° (eine magnetische Periode entspricht 360°). Das Sensorausgangssignal des einen Magnetfeldsensors lässt sich deshalb als Si-

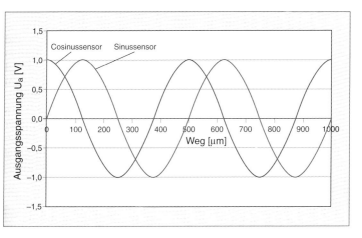

nus-, das des anderen als Cosinussignal interpretieren (Abb. 46). Aus diesem Grund haben die beiden Magnetfeldsensoren ihre Bezeichnungen Sinus- bzw. Cosinussensor erhalten.

Abb. 46:
Signale des Sinus-
und Cosinussensors
bei einer magneti-
schen Periode von
0,5 mm (0,25 mm
Polbreite)

Bauarten und Anwendungen

Zählen der Perioden
Als einfachste Anwendung wird mit den beiden Sensorausgangssignalen nur die Anzahl der Perioden gezählt. Dazu reicht es aus, die analogen Signale zu digitalisieren und damit einen Periodenzähler (Up/down-Zähler) zu betreiben. Sein Zählerstand entspricht genau dem Vierfachen der Anzahl der überfahrenen Perioden.

Dabei ist auch eine Richtungsänderung zulässig. Da jede Flanke der beiden Signale ausgewertet wird, kann aus dem Flankenwechsel des einen Signals und dem statischen Zustand des anderen eindeutig eine Richtungsumkehr abgeleitet werden. Abbildung 47 stellt z. B. eine Bewegung um fünf Inkremente in positiver Richtung und vier Inkremente in negativer

Richtungswechsel

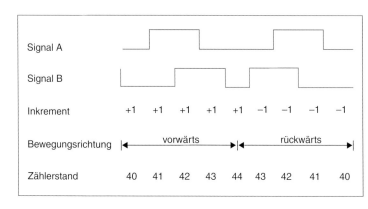

Signal A									
Signal B									
Inkrement	+1	+1	+1	+1	+1	−1	−1	−1	−1
Bewegungsrichtung		vorwärts				rückwärts			
Zählerstand	40	41	42	43	44	43	42	41	40

Abb. 47:
Digitalisierte Sinus-
und Cosinussignale
mit Periodenzähler

Interpolator

Erzielbare
Auflösung

Richtung dar. Nachteilig wirkt sich jedoch die geringe mögliche Auflösung aus. Sie beträgt eine halbe Polbreite oder, anders ausgedrückt, eine viertel magnetische Periode.

Positionsbestimmung innerhalb einer Periode

Um eine Auflösung des Messsystems bis herunter in den Mikrometerbereich zu erreichen, ist eine genaue Bestimmung der aktuellen Position innerhalb der magnetischen Periode notwendig. Soll bei einer magnetischen Periode von z. B. 10 mm (eine viertel Periode entspricht 2,5 mm) die Auflösung 10 µm betragen, muss die magnetische Periode mindestens mit dem Faktor 250 (2,5 mm/10 µm = 250) interpoliert werden, d. h. mit mindestens 8 Bit (2^8 = 256). Diese Aufgabe übernimmt der Interpolator, der sich je nach Architektur im Sensorkopf oder in der Steuerung befindet. Mathematisch ist die Winkel-digital-Wandlung durch trigonometrische Funktionen einfach zu realisieren, z. B. in einem Microcontroller (Abb. 48). Technisch sinnvoll lassen sich heute Auflösungen von 10 bis 12 Bit erreichen. Dabei bleibt der errechnete Wert auch ohne Glättung konstant; er »wackelt« nicht. Eine hohe

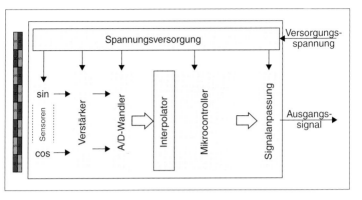

Auflösung ist jedoch nur dann sinnvoll, wenn die beiden gemessenen Signale auch die entsprechende Qualität haben. Dazu sollten sie möglichst folgende Eigenschaften aufweisen:

Abb. 48:
Blockschaltbild des
Wegsensors mit
magnetisch kodier-
tem Maßkörper

- die gleiche Amplitude
- den gleichen Amplitudenoffset
- einen Phasenoffset von genau 90°
- wenig Oberwellen
- ein großes Verhältnis zwischen Nutzsignal und Rauschen
- geringe Beeinflussbarkeit durch Streufelder.

Wenn diese Forderungen nicht optimal erfüllt sind, ergibt sich innerhalb einer jeden Periode eine Linearitätsabweichung: Die aus den Sinus- und Cosinussignalen bestimmte Position weicht von der tatsächlichen Position ab.

Die Zeit zum Berechnen der Position aus den Ausgangssignalen der Magnetfeldsensoren bewegt sich je nach Design der Auswerteelektronik im Bereich von einigen Millisekunden bis zu Bruchteilen einer Mikrosekunde.

Inkrementaler Sensor

Ein inkrementaler Sensor (Abb. 49) überträgt entweder bereits interpolierte digitale A/B-Impulse oder analoge Sinus- und Cosinussignale

Analoge oder digitale Ausgangssignale

der Bewegung (dann findet die Interpolation in der Steuerung statt). Er kennt seine absolute Position nicht. Die übergeordnete Steuerung summiert diese Inkremente auf und bestimmt daraus die absolute Position. Nach einer Bewegung ohne Versorgungsspannung bzw. nach dem Einschalten der Spannung kennt die Steuerung nicht mehr die absolute Position. Üblicherweise ist dann eine Referenzfahrt zu einer

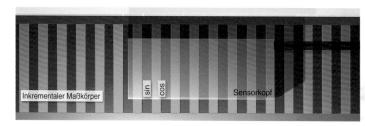

Abb. 49:
Schematische Darstellung des inkrementalen Sensors

Referenzposition notwendig, an der sich ein Referenzschalter befindet. Sobald die Steuerung ihre Referenzposition erreicht hat, von der sie weiß, dass dort der Zählerstand z. B. null ist, kann sie durch Zählen der Impulse laufend die absolute Position errechnen. Die Genauigkeit der absoluten Position (Auflösung z. B. 1 µm) hängt vom Referenzschalter ab, an den deshalb sehr hohe Anforderungen gestellt werden. Er sollte, falls möglich, auch auf 1 µm genau schalten.

Ausgeben der Referenzposition

Üblicherweise können magnetische Wegsensoren auch eine Referenzposition ausgeben. Diese ist entweder in einer separaten Spur im Maßkörper kodiert oder wird in jeder magnetischen Periode an einer bestimmten Stelle ausgegeben. Im zweiten Fall muss ein externer Referenzschalter nur noch die Periode selektieren, in der sich die Referenzposition befinden soll. Die Anforderungen an den Schalter sind dann nicht mehr so hoch. Die Schaltgenauigkeit darf nun bis zu einer halben

Periode gehen (z. B. 0,5 mm). Die Steuerung wertet die Referenzposition genau dann aus, wenn der Schalter und die periodische Referenzposition des Maßkörpers angesprochen haben. Als zusätzliche Möglichkeit bieten manche Sensorköpfe eine Endschalterfunktionalität. An den Enden des Bewegungsbereichs befinden sich unterschiedlich gepolte Dauermagnete, die abgetastet werden.

Absolutes Messsystem

Falls nach dem Einschalten der Anlage eine Referenzfahrt nicht möglich ist oder zu lange dauern würde, wird ein absolut messender Sensor eingesetzt.

Eine absolute Messung ist möglich, wenn das System neben dem inkrementalen Maßkörper auch einen absoluten Maßkörper besitzt (Abb. 50). Der absolute Maßkörper wird durch eigene Magnetfeldsensoren (a0, a1...) abgetastet. Die Anzahl dieser Absolut-Magnetfeldsensoren bestimmt die maximale Länge des Maßkörpers, die sich eindeutig erfassen lässt.

Absoluter Sensor mit separater absoluter Spur

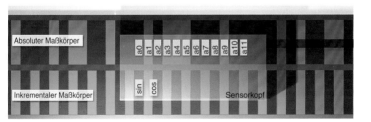

Beim Einschalten der Spannung erkennt der Sensorkopf aus dem absoluten Maßkörper die Position der Periode (Periodenposition PP). Mit dem Sinus- und Cosinussensor wird die Position innerhalb der Periode ermittelt (Teilperiodenposition, TPP). Die absolute Position berechnet sich dann aus der Summe von PP und TPP.

Abb. 50:
Schematische Darstellung eines absoluten Messsystems

Batteriegepufferter (quasi-)absoluter Sensor

Eine zweite Konfiguration nutzt ein inkrementales System mit kontinuierlicher Versorgungsspannung. Solange die Versorgungsspannung anliegt, kennt auch ein inkrementales System (Sensorkopf und Steuerung mit Zähler) immer seine absolute Position. Ohne Versorgungsspannung verliert der Zähler des inkrementalen Systems allerdings seine absolute Position. Um dies zu verhindern, wird der Zähler und eine Batterie in den Sensorkopf integriert (Abb. 51). Dann ist sichergestellt, dass die

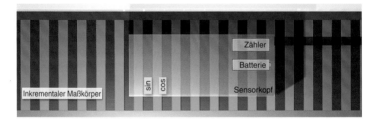

Abb. 51:
Quasiabsoluter
Sensor mit Batterie

Magnetfeldsensoren und der Zähler immer an Spannung liegen. Dem Sensorkopf muss nur einmal eine Referenzposition definiert werden. Danach verliert er nie mehr seine absolute Position. Ein Abheben und Versetzen des Sensorkopfes vom Maßkörper ist bei dieser Konfiguration nicht zulässig. Die absolute Position wäre dann verloren. Dieser Fall tritt jedoch im normalen Betrieb – bei fest montiertem Sensorkopf – nicht auf.

Das Ausgangssignal absoluter Sensoren (vgl. S. 80 ff.) ist normalerweise ein SSI- bzw. BiSS- oder ein Bussignal. Um Kompatibilität zu inkrementalen Systemen zu erzielen, werden zum Teil auch inkrementale Schnittstellen (A/B-Schnittstellen) eingesetzt. Dann besteht zusätzlich die Möglichkeit einer virtuellen Referenzfahrt: Nach dem Einschalten setzt die Steuerung ihre interne Rechenposition auf null. Dann sendet sie ein digitales Signal an den Sensorkopf.

Ohne dass sich der Sensorkopf bewegt, sendet er nun so lange A/B-Pulse, bis er seine absolute Position erreicht. Die Steuerung zählt diese Pulse und kennt nach Ende der Referenzfahrt auch die absolute Position des Sensorkopfes. Für diesen Vorgang ist keine physikalische Bewegung notwendig.

Linearitätsabweichung/ Genauigkeitsklasse

Die Differenz zwischen der tatsächlichen physikalischen Position und der gemessenen, ausgegebenen Position bezeichnet man als Linearitätsabweichung oder Genauigkeitsklasse. Sie ist so definiert, dass über einen Verfahrweg von einem Meter die ausgegebene Position nie um mehr als die Genauigkeitsklasse von der tatsächlichen Position abweicht. Heute sind Genauigkeitsklassen von weniger als ±10 μm möglich. Diese Linearitätsabweichung lässt sich verschiedenen Ursachen zuordnen.

Eine *Linearitätsabweichung innerhalb einer Periode* tritt z. B. dann auf, wenn der Phasenversatz zwischen den Signalen des Sinus- und Cosinussensors nicht genau 90° beträgt. Er wiederholt sich in jeder Periode. An der Linearitätsabweichung lässt sich die magnetische Periode erkennen.

Drei Ursachen der Linearitätsabweichung

Wenn z. B. der Maßkörper nicht exakt mit der geforderten Periode aufmagnetisiert worden ist oder der Maßkörper bei der Montage gedehnt oder gestaucht wurde, ergibt sich eine *Linearitätsabweichung über mehrere Perioden.* Je weiter sich der Sensor von der Referenzposition entfernt, desto größer wird der Unterschied zwischen der tatsächlichen und der gemessenen Position.

Wenn der Maßkörper bei der Montage z. B. durch den Einsatz von magnetisierten Teilen beeinträchtigt wurde, kann es Fehlstellen auf der Messstrecke geben. Man spricht von einer *Linearitätsabweichung infolge von Magnetfeldstörungen.*

Fazit

Wichtige Kennwerte

Wegsensoren mit magnetisch kodiertem Maßkörper sind ein sehr genau und sehr schnell arbeitendes und sehr robustes Messsystem. Die Auflösung erstreckt sich hinab bis zu 1 μm. Dabei werden Genauigkeitsklassen von 10 bis 20 μm erreicht. Die erlaubte Verfahrgeschwindigkeit beträgt bis zu 10 m/s. Der gemessene Positionswert steht in Bruchteilen von Mikrosekunden zur Verfügung. Die Steuerung erhält das Positionssignal in Echtzeit.

Trotz der hohen Genauigkeit und Echtzeitfähigkeit sind Abstände über 2 mm (ca. 30 % der Polbreite) zwischen dem Sensorkopf und dem Maßkörper zulässig. Da das Messsystem magnetisch arbeitet, ist es im Gegensatz zu optischen Systemen sehr unempfindlich gegen Verschmutzung z. B. durch Öl oder Staub. Wegen dieser Eigenschaften ist es für den Einsatz in rauer, staubiger Industrieumgebung, wie z. B. in der Holzindustrie, prädestiniert.

Schnittstellen linearer Weg- und Abstandssensoren

Im Ausgangssignal des Sensors ist der gemessene Wert kodiert. Nach Möglichkeit sollte zusätzlich auch noch eine Fehlermeldung übertragen werden können. Über die Übertragungsstrecke (meist ein Kabel) erreicht das Signal die Steuerung. Aus Anwendersicht gibt es an die Übertragungsstrecke u. a. folgende Anforderungen:

- Das Signal sollte durch Störungen auf der Übertragungsstrecke möglichst wenig verfälscht werden.
- Das Signal sollte über möglichst große Entfernung übertragen werden können.
- Das Signal sollte in Echtzeit verfügbar sein.
- Bei mehreren Sensoren sollte eine zeitgleiche Messung möglich sein.
- Möglichst geringe Totzeit auf der Übertragungsstrecke; gegebenenfalls sollte sie immer gleich groß sein.
- Die Verkabelung sollte möglichst einfach und preiswert sein.
- Ein Fehlersignal sollte übertragbar sein und ein Kabelbruch sollte erkannt werden.

Anforderungen an die Übertragungsstrecke

Analoge Sensorausgänge

Der Sensor bildet die Messgröße in eine elektrische Größe ab. Prinzipiell sind alle elektrischen Größen als Signalträger denkbar z. B. Widerstand, Kapazität, Induktivität, Frequenz, Tastverhältnis, Phase, Zeitmodulation, Strom, Spannung. Analoge Wegsensoren bieten hauptsächlich Spannungs-, Strom- und zeitmodulierte Ausgangssignale.

Fehlersignal

Spannungsausgang

Die Messgröße wird auf einen definierten Spannungsbereich abgebildet; üblich sind 0...10 V, –10...+10 V oder 0...5 V. Das Fehlersignal wird mit einer Spannung übertragen, die über der größten Signalspannung liegt, z. B. 10,5 V. Es gibt Sensoren mit steigendem und/oder fallendem Ausgang über dem Messweg. An die Leitungsführung werden besondere Anforderungen gestellt. Um eine störsichere Übertragung zu garantieren, ist die zulässige maximale Kabellänge auf 10 bis 20 m begrenzt.

Kabelbruch-erkennung

Stromausgang

Die Messgröße wird auf ein Intervall von 0...20 mA (echter Nullpunkt) oder 4...20 mA (versetzter Nullpunkt) abgebildet. Der versetzte Nullpunkt hat den Vorteil, dass auch ein Bruch im Kabel als Fehler erkannt wird, da sich dann ein Strom von 0 mA einstellt. Der Stromausgang ist gegenüber dem Spannungsausgang störunempfindlicher. Mit ihm lassen sich auch Entfernungen über 20 m realisieren.

Analoges Differenzsignal

Sin-cos-Ausgang

Wegsensoren, deren interne Arbeitsweise auf einem Sinus- und Cosinussignal beruht, stellen diese Signale oftmals direkt als Ausgangssignale zur Verfügung (siehe Abb. 46). Die Ausgangssignale werden als analoge Differenzsignale (sin+, sin–, cos+, cos–) übertragen. Wenn z. B. das Sinussignal eine Amplitude von 0,3 V besitzt und der Gleichanteil der Signale 2,5 V sei, betragen die Amplituden der Signale sin+ bzw. sin– +2,8 V bzw. +2,2 V. Der Empfänger wertet die Differenz dieser Signalamplituden aus; in diesem Beispiel beträgt sie 0,6 V. Da Gleichtaktstörungen generell ausgefiltert werden, ist eine gute Störsicherheit gegeben. Üblicherweise wird das Signal im Sensor so weit verstärkt, dass die maximale Amplitude 1 Vss (Spitze-Spitze-Wert) beträgt. Die Steuerung interpoliert aus den vier Signalen die genaue Position innerhalb einer Periode. Bei einer Bewegung über mehrere Perioden zählt die Steuerung auch die Anzahl der Perioden.

Weil die Signale sinusförmig sind, bietet diese Art der Übertragung den Vorteil, dass die Signale auch bei schnellen Bewegungen niederfrequent bleiben. Die Steuerung wählt bedarfsgerecht die Bitanzahl der Interpolation und damit die Auflösung der Wegerfassung.

Start/Stopp-Ausgang und DPI/IP

Die zeitmodulierte Signalform des Start/Stopp-Ausgangs verknüpft die Vorteile der analogen und der digitalen Übertragungstechnik: Das Nutzsignal wird auf Anforderung der Steuerung in digitalen Pulsen übertragen. Dabei stellt die analoge Zeit zwischen dem ersten Puls, dem Startpuls, und einem oder mehreren weiteren Pulsen, den Stopp-Pulsen, das Maß für die analoge(n) Messgröße(n) dar (Abb. 52). Mit dieser Methode lassen sich die Positionen mehrerer Positionsgeber übertragen. Jedem Positionsgeber ist ein Stopp-Puls zugeordnet.

Zusätzlich zum Zeitsignal werden beim abwärtskompatiblen DPI/IP-Protokoll (Abk. von engl. *digital pulse interface/integrated protocol*) in einem normalerweise gesperrten Zeitfenster digitale Daten übertragen [15]. Üblicherweise werden die digitalen Pulse als Differenzsignal

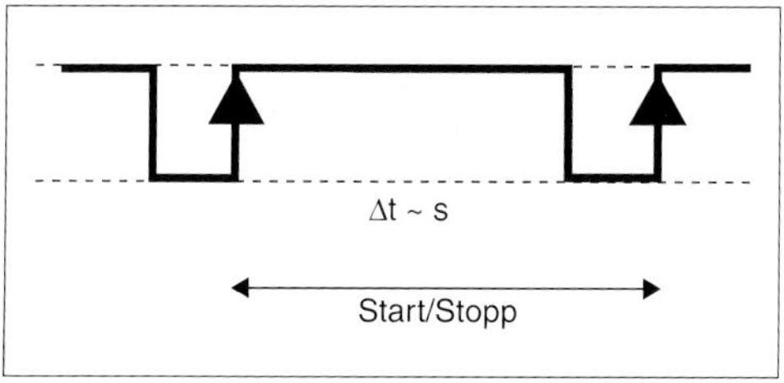

Zeitmoduliertes Signal

$\Delta t \sim s$

Start/Stopp

Abb. 52:
Zeitmodulation

in Zweileitertechnik gesendet (RS422); dadurch lassen sich Entfernungen bis zu mehreren hundert Metern sicher überbrücken.

Digitale Sensorausgänge

Die Messgröße wird bereits im Sensor digitalisiert und dann in einer zählenden oder bitseriellen Form übertragen. Alle digitalen Signale werden als differentielle Spannungssignale übertragen (RS422) [16]. Dabei sind Stichleitungen, Bussysteme oder ringförmige Konfigurationen möglich.

Inkrementale-Schnittstelle (A/B-Schnittstelle)

Zwei versetzte Rechteckpulse

Charakteristisch für inkrementale Systeme ist die A/B-Schnittstelle. Sie liefert zwei digitale Signale A und B, die elektrisch um 90° phasenversetzt sind. Das Vorzeichen der Phasenverschiebung hängt von der Bewegungsrichtung des Sensors ab. Ein Up/down-Zähler wertet die beiden Signale aus und bestimmt daraus laufend die aktuelle Position. Jeder Flankenwechsel von A oder B bewirkt einen Zählschritt (siehe Abb. 47). Bei voreilendem Signal A nimmt der Zählerstand zu, bei voreilendem Signal B nimmt er ab. Mit dieser Schnittstelle kennt die Steuerung zu jedem Zeitpunkt die inkrementgenaue Position, ohne den Sensor periodisch abfragen zu müssen. Dadurch ist Echtzeitfähigkeit gegeben. Nachteilig ist der hohe Oberwellenanteil der Rechteckimpulse, die zudem bei einer schnellen Bewegung eine hohe Grundfrequenz haben.

SSI-Schnittstelle

Bei dem synchron-seriellen Interface (SSI) handelt es sich um eine sternförmige Konfiguration. Jeder Sensor ist über eine Stichleitung (Takt und Daten) mit der Steuerung verbunden. Die Steue-

rung sendet ein Taktsignal zum Sensor, das die
Datenübertragung synchronisiert. Das Taktsignal übernimmt zusätzlich eine Triggerfunktion.
Mit dem Erkennen der ersten fallenden Flanke
des Taktes (Triggerung) speichert der Sensor
seinen aktuellen Messwert. Er überträgt mit jeder steigenden Flanke des Taktes das nächste Bit
des Messwerts (Abb. 53). Die Übertragung be-

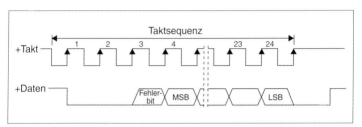

ginnt nach dem dritten Takt mit dem Bit mit der
höchsten Wertigkeit (MSB: Abk. von engl. *most
significant bit*) bis zum Bit mit der niedrigsten
Wertigkeit (LSB: Abk. von engl. *least significant bit*). Als vorteilhaft bei der SSI-Übertra-
gung erweist sich die in weiten Grenzen freie
Wahl der Taktfrequenz. Sie lässt sich einfach an
die Störumgebung vor Ort anpassen.

*Abb. 53:
SSI-Signale beim
magnetostriktiven
Wegsensor (Balluff)*

Neben der oben beschriebenen sequentiellen
Abfrage von Sensoren ist auch die parallele
zeitgleiche Triggerung aller über SSI ange-
schlossenen Sensoren möglich. Dazu legt die
Steuerung an alle Sensoren gleichzeitig die erste fallende Flanke des Taktsignals. Alle Sensoren speichern mit dieser Flanke ihren Messwert und übertragen ihn anschließend. Dadurch ist sichergestellt, dass die Positionswerte aller Sensoren zum gleichen Zeitpunkt
aufgenommen worden sind.

**Sequentielle und
parallele Sensor-
abfrage**

BiSS

Die bidirektionale Sensor-Schnittstelle (BiSS)
ist abwärtskompatibel zu SSI. Zusätzlich bie-

Bidirektionale Datenübertragung

tet sie die Möglichkeit, durch Pulsweitenmodulation des Taktes Daten von der Steuerung zum Sensor zu übertragen. Über ein einfaches Busprotokoll lassen sich bis zu acht Sensoren an einem Bus ansprechen.

CAN-Bus und Profibus

Bei diesen Bussystemen können bis zu 126 Sensoren über einen Bus verbunden sein [17]. Jeder Sensor besitzt eine eindeutige Adresse, die im seriellen Protokoll kodiert ist. Nachdem der Sensor seine Adresse erkannt hat, konfiguriert er sich oder legt die angeforderten Daten auf den Bus. Durch das Bussystem vereinfacht sich die Verkabelung – insbesondere bei mehreren Sensoren – gravierend. Im Protokoll lassen sich auch abgeleitete Größen der Position, z. B. die Geschwindigkeit, weitere Positionswerte, virtuelle Nocken und Fehlerzustände übermitteln.

Programmierung der Sensoren

Die Steuerung kann die Eigenschaften der Sensoren programmieren, wie z. B. die Auflösung der Position oder Geschwindigkeit oder die Position der virtuellen Nocken. Durch unterschiedliche Übertragungsraten und verschiedene Fehlerschutzmechanismen wie *CRC* (Abk. von engl. *cyclic redundancy check*) und *Hamming-Distanz* wird eine sichere Datenübertragung auch über große Entfernungen (bis über 1000 m) gewährleistet.

Trends und Zukunftsperspektiven

Die ständig steigenden Anforderungen an die Automatisierungstechnik haben in den letzten Jahren zwei Trends hervorgerufen: der eine hin zu berührungslos und damit verschleißfrei arbeitender Sensorik, die eine deutlich erhöhte Maschinenverfügbarkeit gewährleistet, der andere von binär schaltenden hin zu messenden Sensoren. Durch die zunehmende Komplexität und Individualität von Maschinen und Anlagen wird sich der Trend zum messenden Sensor in Zukunft noch verstärken.

Die führenden Hersteller von Weg- und Abstandssensoren arbeiten daran, die Vielfalt der Messprinzipien zu erweitern. Neue Sensorprinzipien wie der magnetoinduktive Wegsensor sind bereits marktreif, weitere neue Sensorprinzipien auf der Basis der Induktion, des Magnetismus, der Optik und anderer physikalischer Zusammenhänge werden folgen. So sind z. B. Mikrowellensensoren sowohl in binärer wie auch messender Ausführung denkbar. Auch in den Bereichen Werkstoffe, Elektronik und Optik sind technologische Fortschritte zu erwarten. Sie werden zu deutlich verbesserter Reichweite, Genauigkeit und Dynamik der Sensoren bei zugleich erhöhter Flexibilität führen.

Neue Messprinzipien

Durch zunehmende Miniaturisierung werden sowohl Sensoren mit kleinstem Platzbedarf, aber hoher Leistung zur Verfügung stehen als auch Sensoren, die bei unverändertem Gehäusevolumen wesentlich mehr Funktionalität aufweisen. Potenzielle Wegbereiter dafür sind Technologien wie *Optics-on-Silicon* und *Coil-on-Silicon*, moderne Aufbauverfahren der Elektronik sowie die Fortschritte in den Gehäuse- und Assemblie-

Zunehmende Miniaturisierung

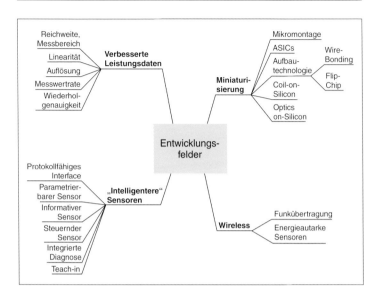

Abb. 54:
Ansatzpunkte für die
Weiterentwicklung
von Weg- und
Abstandssensoren

Erhöhte
Intelligenz

rungstechnologien (Abb. 54). Hohe Integrationsfähigkeit moderner Weg- und Abstandssensoren ist eine wichtige Voraussetzung für alle zukünftigen mechatronischen Lösungsansätze im Maschinen- und Anlagenbau.

Erhöhte Intelligenz im Sensor zeigt sich z. B. in der Diagnosefähigkeit und Parametrierbarkeit oder in einem elektronischen Typenschild. Sie wird Hand in Hand mit einer Zunahme der protokollfähigen Sensorschnittstellen gehen. Zugleich ist zu fordern, dass die Standardisierung der Schnittstellen sowohl auf Sensor- wie auch Steuerungsseite permanent vorangetrieben wird.

Zusammengenommen werden alle diese Verbesserungen dazu führen, dass Maschinen und Anlagen schneller, flexibler, zuverlässiger und zugleich wartungsfreundlicher werden.

Definitionen und Normbegriffe

Kenngrößen der Weg- und Abstandssensoren

In der Fachliteratur wird der Begriff *Sensor* allgemein als technische Einrichtung definiert, die eine nicht elektrische physikale Messgröße in ein eindeutiges elektrisches Signal umwandelt [18, 19].

Die Messgröße eines Abstandssensors ist der Abstand zwischen der aktiven Sensorfläche und dem zu erfassenden Objekt; die Messgröße eines Wegsensors ist hingegen die Lage eines Positionsgebers bezogen auf den Sensor. Das elektrische Sensorausgangssignal (kurz SAS) ist in der Regel eine Spannung oder ein Strom und kann analog, binär oder digital kodiert sein.

Der allgemeine Begriff *Sensorgenauigkeit* fasst eine Menge von messtechnischen Kenngrößen zusammen, die das statische oder quasistatische Verhalten des Sensors beschreiben. Unabhängig von der Kodierung des SAS sind die kennzeichnenden Hauptmerkmale der Sensorgenauigkeit die Präzision, die Wiederholgenauigkeit oder Reproduzierbarkeit und die Auflösung [20]. Die *Präzision* (engl.: *accuracy*) entspricht der Differenz zwischen dem tatsächlichen Istwert der Messgröße und dem gemessenen Wert bzw. dem arithmetischen Mittel der gemessenen Werte bei wiederholten Messungen. Die *Wiederholgenauigkeit* (engl.: *repeatability*) entspricht der Streuung der Messwerte, die bei wiederholten Messungen für einen konstanten Istwert der Messgröße und unter identischen Bedingungen gewonnen werden (Abb. 55). Die *Auf-

Messtechnische Kenngrößen

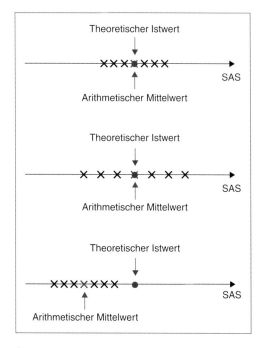

Abb. 55: Unterschied zwischen Präzision und Wiederholgenauigkeit; die vom Sensor gelieferten Messwerte sind durch Kreuze auf der Achse SAS des Sensorausgangssignals dargestellt; Oben: hohe Präzision, hohe Wiederholgenauigkeit Mitte: hohe Präzision, niedrige Wiederholgenauigkeit Unten: niedrige Präzision, hohe Wiederholgenauigkeit

lösung (engl.: *resolution*) definiert die kleinstmögliche Änderung der Messgröße, die vom Sensor detektiert werden kann. Diese Eigenschaft wird durch die *Auflösungsgrenze* ausgedrückt. Ein Sensor mit hoher Auflösung hat eine kleine Auflösungsgrenze. Diese Sensorkenngröße darf nicht mit der Wiederholgenauigkeit verwechselt werden.

Bei Sensoren mit Digitalausgang wird die Auflösungsgrenze durch die Division des Erfassungsbereichs durch 2^n bestimmt, wobei n die Bitanzahl der Analog-digital-Umwandlung ist.

Sensoren mit Analogausgang haben eine beliebig kleine Auflösungsgrenze. Der Praxiswert der Auflösungsgrenze ist höher und wird grundsätzlich durch das Rauschen des SAS festgelegt. Das Eigenrauschen der elektronischen Bauteile ist ein inhärenter Effekt und kann minimiert, aber nicht komplett eliminiert werden. Das elektrische Rauschen ist dem SAS überlagert und verursacht eine hochfrequente Restwelligkeit dieses Signals. Signaländerungen, die kleiner als der Spitze-Spitze-Wert des Rauschens sind, können nicht mehr eindeutig dem Nutzsignal oder dem Rauschen zugeordnet werden. Die Auflösungsgrenze des SAS kann deshalb nicht kleiner als der Spitze-Spitze-Wert des Rauschsignals werden. Dadurch ist auch die Auflösungsgrenze der Messgröße nach unten limitiert.

Eine zweite Gruppe von Kenngrößen bezieht sich auf die *Sensorkennlinie* (engl.: *characteristic*), die die Abhängigkeit des SAS von der Messgröße darstellt. Die Hauptvoraussetzung für eine eindeutige Erfassung der Messgröße ist die Existenz eines monotonen Teilbereichs auf dieser Kennlinie, dem *Arbeitsbereich* (AB) oder *Erfassungsbereich* (Abb. 56 oben). Sehr vorteilhaft ist es, wenn eine Proportionalität zwischen der Messgröße und dem SAS im gesamten Arbeitsbereich oder zumindest in einem großen Unterbereich vorhanden ist. Die typenspezifische Ausdehnung dieses *Linearitätsbereichs* (LB) und der entsprechende Hub des SAS sind wichtige Sensorangaben.

Die Sensorkennlinie im Linearitätsbereich entspricht einer *Sollgeraden* (engl.: *ideal straightline*), deren Steigung auch als *Sensorempfindlichkeit* (engl.: *sensitivity*) bezeichnet wird (Abb. 56 unten). Diese Sollgerade entspricht dem Idealfall und wird typenspezifisch angegeben. Die reale Sensorkennlinie wird am Ende des Fertigungsprozesses derart kalibriert, dass sie so nahe wie möglich an die Sollgerade herankommt. Die kumulierten Einflüsse der Toleranzen aller Sensorkomponenten führen dazu, dass jeder Sensor eine exemplarspezifi-

Sensorkenngrößen

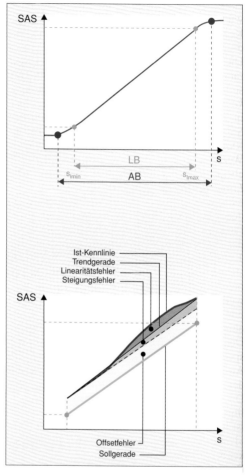

Abb. 56:
Allgemeine Darstellung der Kennlinie eines Wegsensors;
Oben: Definition des Arbeitsbereichs AB bzw. des Linearitätsbereichs LB
Unten: Überlagerung von Offset-, Steigungs- und Linearitätsfehler

sche **Ist-Kennlinie** (engl.: *real characteristic*) aufweist, die von der Sollgeraden in einem zugelassenen Ausmaß abweicht.

Die Abweichung der Ist-Kennlinie lässt sich durch die Aufsummierung dreier Fehlerwerte quantifizieren. Der **Offsetfehler** (engl.: *offset error*) entspricht einer Parallelverschiebung zur Sollgeraden durch die Addition eines unerwünschten konstanten Werts zum SAS. In der Regel wird dieser Fehler nach der Herstellung durch die Kalibrierung des Sensors eliminiert. Die Veränderung der Sensorumgebungstemperatur hat maßgeblichen Einfluss auf den Offsetfehler. Der *Steigungs-* oder *Empfindlichkeitsfehler* (engl.: *sensitivity error*) zeigt sich in einer Drehung der bereits verschobenen Sollgeraden um einen Drehpunkt und hat als Resultat eine Veränderung des tatsächlichen Werts der Empfindlichkeit. Dieser Fehler wird ebenfalls durch Kalibrierung minimiert. Der *Linearitätsfehler* (engl.: *linearity error*) charakterisiert die geringfügigen Veränderungen der Empfindlichkeit zwischen benachbarten Punkten und wird durch die Abweichungen der Ist-Kennlinienpunkte bezogen auf eine Trendgerade ausgedrückt. Für die Trendgerade stehen mehrere mathematisch definierbare Geraden zur Auswahl; in Abbildung 56 unten wurde die Gerade durch den Start- und Endpunkt des Linearitätsbereichs als Trendgerade eingesetzt.

Der *Gesamtfehler* (engl.: *total error*) entspricht der konservativsten Beurteilung der Abweichung zwischen der Ist-Kennlinie und der Sollgeraden. Dazu werden die Soll-Ist-Differenzen für markante Punkte der Kennlinie berechnet und tabelliert. Dieses Verfahren ist in der Fachliteratur auch unter dem Namen »Ermittlung der absoluten Nichtlinearität« bekannt.

Dynamisches Sensorverhalten

Die Hauptkenngröße für die Charakterisierung des dynamischen Sensorverhaltens ist die *−3-dB-Grenzfrequenz* oder *Bandbreite* (engl.: *cutoff frequency* oder *bandwidth*). Es handelt sich um die höchste Frequenz einer periodischen Sensorbetätigung, z. B. durch ein rotierendes Objekt, bei der das SAS um nicht mehr als 3 dB sinkt, d. h. auf ca. 70 % des stationären Werts abnimmt. Der Wunsch nach großer Bandbreite und damit guter Dynamik des Sensors einerseits und nach niedrigerem Rauschen am Sensorausgang und damit hoher Auflösung andererseits beinhaltet zwei sich widersprechende Anforderungen. Theoretisch ist das Rauschen gleichmäßig über ein sehr breites Frequenzspektrum verteilt. Werden die hohen Frequenzen vor dem Sensorausgang gefiltert, so bekommt man einen niedrigeren Rauschpegel am Sensorausgang und dadurch eine bessere Auflösung; zugleich sinkt aber die Bandbreite, weshalb sich die Sensordynamik verschlechtert.

Normbegriffe der Abstandssensoren

IEC 60947

Die Norm EN 60947-5-7 wurde am 1.9.2003 als Teil von IEC 60947 angenommen. Die Produktnorm IEC 60947-5-2 beschreibt die Anforderungen an induktive, kapazitive, fotoelektrische, nichtmechanisch magnetische bzw. Ultraschall-Näherungsschalter mit Halbleiterschaltelementen am Ausgang. Der Teil IEC 60947-5-7 modifiziert die betreffenden Anforderungen von IEC 60947-5-2, um sie für Näherungssensoren mit Analogausgang anwendbar zu machen.

Gemäß EN 60947-5-7:2003 ist ein Näherungssensor mit Analogausgang ein Abstandssensor, der »ein kontinuierliches Ausgangssignal generiert, das vom Abstand zwischen seiner aktiven Fläche und der entsprechenden Messplatte abhängig ist«. Der **Abstandsbereich** (engl.: *distance range*) wird durch den **unteren** bzw. **oberen Abstand** (engl.: *lower/upper distance*) definiert; innerhalb dieses Abstandsintervalls ändert sich das Ausgangssignal kontinuierlich (Abb. 57). Das Ausgangssignal ist ein analoges Spannungssignal oder Stromsignal; der Bereich des **Ausgangssignals** (engl.: *output*

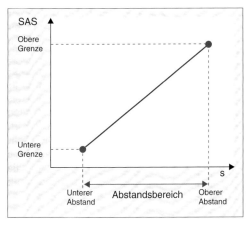

Abb. 57:
Darstellung der
Abstands-Ausgangs-
Charakteristik eines
Näherungssensors
mit Analogausgang
und der Normbegriffe
gemäß EN 60947-5-7

signal) wird durch die **untere** bzw. **obere Grenze** (engl.: *lower/upper limit*) festgelegt. EN 60947-5-7:2003 sieht die folgenden Grenzen für die Bereiche des Ausgangssignals vor:

- Spannungssignale: +1...+5 V bzw. 0...+10 V
- Stromsignale: 0...20 mA bzw. 4...20 mA.

Wenn die Null als untere Grenze benutzt wird, spricht man von »echter Null«; wenn ein endlicher Wert benutzt wird, spricht man von »versetzter Null«.

Die **Abstands-Ausgangs-Charakteristik** (engl.: *distance/output characteristic*) wird als »Beziehung zwischen dem Ausgangssignal im Beharrungszustand und dem Abstand zwischen der aktiven Fläche des Näherungssensors und einer Messplatte« definiert. Die maximale Abweichung einschließlich der Herstellungstoleranzen zwischen der festgelegten Abstands-Ausgangs-Charakteristik und den gemessenen Werten für mindestens fünf definierte Abstände stellt die **Kennlinienübereinstimmung** (engl.: *conformity*) dar. Die Kennlinienübereinstimmung muss innerhalb von ±10 % der oberen Grenze liegen. Für die Bestimmung dieser

Normkenngröße wird die Messplatte in axialer Richtung auf die Sensorfläche zu und wieder weg bewegt. Das Ausgangssignal wird für mindestens fünf Abstände und bei mindestens drei vollen Abstandsdurchläufen in jeder Bewegungsrichtung der Messplatte aufgenommen. Die Differenzen zwischen den Messwerten und den theoretischen Werten des Ausgangssignals werden als *Abweichung steigend* bzw. *fallend* (engl.: *upscale/downscale error*) zusammengefasst. Die Norm definiert diese Größen als arithmetische Mittelwerte der Abweichungen aller Messdurchläufe bei jedem Abstand und mit zunehmendem bzw. abnehmendem Abstand. Schließlich wird die *gemittelte Abweichung* (engl.: *average error*) durch den arithmetischen Mittelwert aller steigend und fallend ermittelten Abweichungen bei allen Abständen ausgerechnet.

Nach EN 60947-5-7 ist die »Kennlinienübereinstimmung die größte Abweichung zwischen der Kurve der gemittelten Abweichung und der angegebenen Abstands-Ausgangs-Charakteristik«. Sie wird in positiven oder negativen Prozentwerten der oberen Grenze angegeben.

Literatur

[1]   Tränkler, H. R.; Obermeier, E. (Hrsg.): *Sensortechnik.* Berlin: Springer, 1998.

[2]   Herold, H.: *Sensortechnik – Sensorwirkprinzipien und Sensorsysteme.* Heidelberg: Hüthig, 1993.

[3]   Jagiella, M.; Fericean, S.: Miniaturized Inductive Sensors for Industrial Applications. In: *Proceedings of IEEE SENSORS 2002 – First IEEE International Conference on Sensors.* Orlando: 2002.

[4]   Jagiella, M.; Fericean, S.; Friedrich, M.; Dorneich, A.: Mehrstufige Temperaturkompensation bei induktiven Sensoren. In: *Elektronik* 52 (August 2003), Nr. 16.

[5]   Andronov, A. A.; Vitt, A. A.; Khaikin, S. E.: *Theory of Oscillators.* New York: Dover, 1987.

[6]   Fericean, S.; Friedrich, M.; Gass, E.: *Inductive Sensor Responsive to the Distance to a Conductive or Magnetisable Object.* Balluff Patent USA 5,504,425. 1996.

[7]   Fericean, S.; Friedrich, M.; Fritton, M.; Reider, T.: Moderne Wirbelstromsensoren – linear und temperaturstabil. In: *Elektronik* 50 (April 2001), Nr. 8.

[8]   Fericean, S.; Kammerer, H.; Plank, H.-W.: *Proximity Switch Operating in a Non-Contacting Manner.* Balluff Patent USA 5,408,132. 1995.

[9]   Krups, R.: *SMT-Handbuch.* Würzburg: Vogel, 1991.

[10]   Lau, H. J.: *Flip Chip Technologies.* New York: McGraw-Hill, 1995.

[11]   Jagiella, M.; Fericean, S.; Droxler, R.; Dorneich, A.: New Magneto-Inductive Sensing Principle and its Implementation in Sensors for Industrial Applications. In: *Proceedings of IEEE SENSORS 2004 – Third IEEE International Conference on Sensors.* Wien: 2004.

[12]   Droxler, R.: *Berührungslos arbeitender Näherungsschalter.* Balluff Patent DE 19611810 C2. 2000.

[13]   Jagiella, M.; Fericean, S.; Dorneich, A.; Droxler, R.: Sensoren für kurze und mittlere Wege. In: *SENSOR report* 18 (2003), Nr. 2.

[14]   *Der Brockhaus – Naturwissenschaft und Technik.* Bd. 2. Mannheim: F. A. Brockhaus und Heidelberg: Spektrum Akademischer Verlag, 2003.

[15]   Eberle, H.; Burkhardt, T.; Bühlmeyer, B.: *Kommunikations-Schnittstelle für eine Wegmesseinrichtung.* Balluff Patent DE 000010113716 C2. 2002.

[16]   Tietze, U.; Schenk, C.: *Halbleiter-Schaltungstechnik;* 11. Auflage. Berlin: Springer, 1999.

[17]   Schnell, G. (Hrsg.): *Bussysteme in der Automatisierungstechnik,* Wiesbaden: Vieweg, 1994 (Reihe: Vieweg Praxiswissen).

[18]   Dorf, C. R. (Hrsg.): *Electrical Engineering Handbook.* New York: IEEE Press, 1993.

[19]   Schiessle, E.: *Sensortechnik und Meßwertaufnahme.* Würzburg: Vogel, 1982.

[20]   Pallas-Areny, R.; Webster, J. G.: *Sensors and Signal Conditioning.* 2. Auflage. New York: John Wiley & Sons, 2001.